U0926665

催眠

世界上最神奇的觉醒之路

杨安·著

中国财富出版社

图书在版编目（CIP）数据

催眠：世界上最神奇的觉醒之路／杨安著．—北京：中国财富出版社，2014.10

ISBN 978－7－5047－5368－7

Ⅰ．①催…　Ⅱ．①杨…　Ⅲ．①成功心理—通俗读物　Ⅳ．①B848.4－49

中国版本图书馆 CIP 数据核字（2014）第 227668 号

策划编辑	单元花	**责任印制**	方朋远
责任编辑	邢有涛　单元花	**责任校对**	杨小静

出版发行	中国财富出版社		
社　　址	北京市丰台区南四环西路 188 号 5 区 20 楼	**邮政编码**	100070
电　　话	010－52227568（发行部）		010－52227588 转 307（总编室）
	010－68589540（读者服务部）		010－52227588 转 305（质检部）
网　　址	http：//www.cfpress.com.cn		
经　　销	新华书店		
印　　刷	北京京都六环印刷厂		
书　　号	ISBN 978－7－5047－5368－7/B・0405		
开　　本	710mm×1000mm　1/16	**版　　次**	2014 年 10 月第 1 版
印　　张	14.5	**印　　次**	2014 年 10 月第 1 次印刷
字　　数	208 千字	**定　　价**	32.00 元

前　言

生活中，我们常常对某些神奇的现象惊讶不已，例如：四大名著之一的《西游记》中，记载了唐贞观元年玄奘法师离开长安去印度求法的故事。然而，和小说不同的是，现实中的玄奘法师在西行的路上，并没有三位神通广大的徒弟们的保护，很多艰险的路程都是他一个人挺过来的。玄奘凭借着惊人的勇气与毅力，孤身一人，爬雪山、穿沙漠、学语言、远行万里，耗时 17 年，终于完成了取经的使命。

同样是平凡普通的人，是什么让玄奘爆发出如此巨大的能量？有人说是宗教的信念，有人说是造福万民的出发点。其实，追根溯源，他是通过暗示、冥想等催眠手法唤醒了内心的潜能。

人的心理活动分为意识和潜意识。潜意识中蕴藏着超乎你想象的巨大能量，也就是潜能。根据科学统计，人的情感和行为，95% 来自潜意识，而只有 5% 来自意识。人脑好像一个沉睡的巨人，大部分人只用了不到 1% 的脑力。如果我们能开发出潜意识中隐藏的巨大能量，就相当于唤醒了“自我”这个巨人；相当于为生命开发出了无限的可能。

实现觉醒的有效技术就是催眠；暗示则是催眠的必备手段。人在清醒状态下，暗示也有作用，但在催眠状态下，暗示的内容可进入潜意识，使其具有更强大而持久的威力，甚至能够改变身体的感觉、意识和行为，还能影响内脏器官的功能。

催眠可以由专业的催眠师来做，也可以自我催眠。催眠是一种唤醒自己的潜意识，并与自己的潜意识进行沟通的方法。古人早就发现了多种与潜意识沟通的方法，如中国的气功、印度的瑜伽以及各种各样的宗教祈祷仪式等。

本书将揭开催眠的神秘面纱，详细阐述催眠的各种可行性操作方法、催眠与暗示的紧密关系、催眠带给我们的神奇效果以及催眠引导词的设计。读完本书，你不仅能明白催眠的来龙去脉，还能了解到如何完整地进行自我催眠，从而获得生命的喜悦，激发出内在的潜能，找到一种改变生活态度甚至人生命运的方法。

催眠作为目前最为有效的与潜意识进行沟通的手段，可以有效地帮助人们缓解压力、提高生活质量、改善生命健康、增进工作效率等。催眠是一种让人的潜意识觉醒的方法，让人们通过发现自己的潜意识，开发出自身的无限潜能。

作　者

2014 年 7 月

目　录

的。催眠都有哪几种深度，又能通过什么样的方式区分呢？在催眠之前进行敏感度测试的原因是什么？怎样进入深度催眠？又怎样从催眠的状态中醒来？

自我催眠能帮助我们在繁重的生活中找到温暖的、心灵的家。那么，怎样通过对身体、心灵、呼吸状态的把握，逐渐进入催眠状态？什么样的催眠引导词更有效能？初级催眠和高级催眠分别能达到什么样的效果？

只有在身心放松的状态下，催眠才能顺利进行。从另一个角度说，放松也有益于身心健康。在平时的生活中，我们要学会放松，让放松成为一种习惯。本章主要讲解了常用的一些放松方法。

在我们的情绪背后，究竟隐藏着怎样的深层担忧？在跌宕起伏的境遇中，又该寻找怎样的突破？我们在催眠中和潜意识对话时，应该告诉自己些什么？当我们能够真实地面对自己，用觉醒的目光审视身边的事，我们就能够在接纳的过程中实现自我完成。

催眠作为一种疗愈的手法，也有一些需要注意的地方。

哪些人群不适合接受催眠？移情现象对催眠有哪些助益，又能带来何种弊病？因为职业的特殊性，催眠行业需要高度的责任心及道德水准。怎样通过相关证书鉴别催眠师的职业能力？

第一章 催眠激发潜意识能量

人脑好像一个沉睡的巨人，大部分人只用了不到1%的脑力。潜意识蕴藏着超乎你想象的巨大能量。潜意识是怎样工作的？催眠又是如何让我们和自己的潜意识对话的？它是如何解决我们在工作、学习、人际关系、身心健康、人生方向等方面遇到的问题的？

潜意识的六大特征

杨安催眠：潜意识是心理活动中区别于意识的存在。熟悉潜意识的六种特征就能让潜意识为我们服务。

什么是催眠？

其实，催眠并非如我们想象的那样神秘，无论你是看电影、听音乐还是看书、玩游戏，当某人沉浸于某事中不自知的时候，我们就可以说他正处在催眠状态。催眠大师马修曾说过："看来，潜意识不加批判地接受任何想法及观念就是催眠。"

马修的这句话是什么意思呢？不就是告诉了我们催眠与潜意识之间的关系吗？事实上，人们之所以重视催眠，从根本上来说就是激发潜意识，唤醒人们潜意识的能量。说到潜意识，大多数人较为熟悉，但潜意识究竟是什么，真正知晓的人却少之又少。其实，潜意识就是人们并没有清晰认识到的一种潜在的本能，其中蕴含着无限的能量。根据科学研究显示：潜意识的力量比意识大 3 万倍，所以要激发潜能，就需要运用潜意识。

曾有心理学家做过一个测试：给一位年轻人一份报纸，让他背下三段做了记号的内容。年轻人将三段内容背下后，心理学家问他："其他内容你记住了多少？"他回答："我没记住其他内容。"随后，心理学家对年轻人施加了催眠。奇迹发生了，年轻人不仅背出了三段标记过的内容，还能背出报纸上的其他内容。

以上所说的只是潜意识能量中极小的一部分，但由此我们就可以初窥到潜意识所发挥的巨大能量。现今，人们已经深刻地认识到了这一点，无数的成功学以及心理学都将激发人的潜意识作为主要手段。既然如此，怎样去激发自我的潜意识呢？催眠，就是最为主要的通道之一，倘若我们能善加运用，激活自我的潜意识能量，就能创造不一样的人生。

是不是说得有些夸张呢？接下来就让我们一同来认识一下神秘的潜意识，窥探潜意识究竟有着如何巨大的能量以及作用。

1. 能量巨大

潜意识中蕴含着巨大的潜能。美国著名学者奥图博士的研究结果显示：人脑好像一个沉睡的巨人，大部分人只用了不到 1% 的脑力。就连世界上最伟大的科学家爱因斯坦对大脑的利用也不过 10% 左右。当人们仰慕天才、羡慕成功者的时候，也许忽视了一个客观事实：他们和普通人本质上没有什么不同，最大的区别在于他们高效地运用了自身的能量。

当你遭遇挫折与打击茫然无措的时候，是否想到解决问题的钥匙就在自己身上？潜能如果不被激发，就只能是潜能。华人首富李嘉诚说：“一个人成就的高低，与他本身的学历、背景、相貌等都没有直接或必然的联系，关键在于他是否能充分发挥与生俱来的潜在本能。”当你意识到这种能量的存在，并且愿意去唤醒、激发它的时候，就是重新认识自己的开始。

2. 潜意识最喜欢带感情色彩的信息

开发潜能首先要开发潜意识。当你出现情感波动的时候，潜意识便已埋藏在了其中。快乐时，想留住此刻的心情即动力。焦虑时，说明有了来自外界的压力，亦即激发力。而最大最有力的一种情感，是信心。当遇到情感的压力时，有人在痛苦中日渐消沉，接受既定事实；而有的人则善于激发自己的潜意识，并勇于将它作为一种强烈的意识去实践。

> 1832 年，林肯失业了。伤心之余，他下定决心要当政治家，当州议员。然而，他竞选失败了，这是一年中他遭受的第二次打击。接着，他着手自己开办企业，可不到一年，这家企业又倒闭了。为了偿还债务，在此后的 17 年间，他不得不到处奔波，历经磨难。随后，他再一次竞选州议员，这次他成功了。于是，他内心萌发了一丝希望。1835 年，他订婚了。但离结婚的日子还差几个月的时候，未婚妻不幸去世。他心力交瘁，数月卧床不起，得了精神衰弱症。1838 年，身体状况良好的林肯又去竞选州议会议长，可他失败了。1843 年，他又竞选美国国会议员，但这次仍然没有成功。
>
> 经历这一切打击之后，林肯没有放弃，他也没有说："要是失败会怎样?"1846 年，他又一次竞选国会议员，这次他终于当选了。在任期间，他兢兢业业，表现出色。可是在争取连任的时候，却落选了，而且这次落选还让他赔了一大笔钱。之后林肯又去申请当本州的土地官员。但州政府把他的申请退了回来。林肯此刻的心情可以想象，然而，种种经历都无法让他沉睡。1854 年，他继续竞选参议员，但失败了；两年后他竞选美国副总统提名，结果被对手击败；又过了两年，他再一次竞选参议员，还是失败了。林肯一直没有放弃自己的追求，他一直在做自己生活的主宰。直至 1860 年，他当选为美国总统。

林肯的一生虽然光辉闪耀，名垂青史，没有多少人能够比得上他的成就和贡献；可是，也没有多少人经历过他那样的"不幸"。正像《孙子兵法》中所说的，"置之死地而后生"。在情感波动时，请先和自己的潜意识对话。

3. 不识真假，直来直去

我们的潜意识有一种奇怪的现象：它不会对眼睛看到的事实直接进行判断，而是听从于情绪的指引，指挥思维和言行。也就是说，潜意识无法分辨事情是真还是假，一旦被接受，它会调动所有的能量让其成为事实。

从前，两个才华相当的书生进京赶考。在路上，他们遇到了送丧的队伍。看到棺材从自己身边经过，一个书生说："一出门就遇见死人，真是晦气，这次考试想必是考不上了。"然而他的朋友却说："棺材棺材，升官发财，此次进京赶考必定金榜题名。"结果，第一个书生越想越觉得自己没有希望，竟然弃考回家了；而第二个书生果然榜上有名。

在同样的表象下，两个书生因不同的情绪和心态产生了不同的结果。事情本身不足以决定我们的思维和言行，起决定性作用的是我们看待事情的态度。世界上现存的宗教即是集体深层意识或潜意识的外化表现。宗教本身没有潜能，其可贵之处也不在于"神是否存在"等问题的真假；而在于它可以帮助人们开启潜意识的动力，爆发出惊人的能量，创造出奇迹。

4. 潜意识易受图像刺激

只要我们给予潜意识一个画面，它就会努力将它实质化。要做自己人生的设计师，首先要学会为自己设计人生的"蓝图"。就像工人需要按照图纸一点点添砖加瓦，才能盖成高楼大厦一样，人生也需要适合自己的蓝图。当图纸已经具体到大处能见到高楼林立，小处能见到楼梯的走向、厨房的方位……那么将它盖成高楼还困难吗？想必大家都听过"胸有成竹"这个成语。

宋代的文与可擅长画竹，他在房屋周围种满了竹子，以便在不同的环境和季节中观察竹子的变化。日久天长，竹子的长势、颜色、形态等特征在他心中变得十分清晰了。所以，他画起竹子来总是一挥而就，就好像将一个完整的东西拿出来一样。当人们夸奖他的画时，他总是谦虚地说："我只是把心中琢磨成熟的竹子画下来罢了。"

因此，制定一个适合自己的、可行的、系统而细致的目标十分重要。

山田本一是日本著名的马拉松运动员。他曾在1984年和1987年的国际马拉松比赛中，两次夺得世界冠军。不过当记者问他原因时，他却闭口不言。10年之后，这个谜底被揭开了。他在自传中写道："每次比赛之前，我都要乘车把比赛的路线仔细地看一遍，并把沿途比较醒目的标志画下来，比如第一个目标是银行；第二个目标是一棵古怪的大树；第三个目标是一座高楼……就这样一直画到终点。比赛开始后，我就以百米的速度奋力地向第一个目标冲去，到达后，我又像第一遍一样，以同样的速度向第二个目标冲去。40多千米的赛程，就这样被我分成几个小目标，跑起来就轻松多了。以前我把目标定在终点线的旗帜上，结果当我跑到十几千米时就疲惫不堪了，因为我被前面那段遥远的路吓倒了。"

当他跑完第一段开始第二段时，潜意识认为是一个重新开始的过程，就会指挥身体以最开始的速度和热情跑下去。这样一个看似简单的动作，却让一个天资并不出众的人成为了世界冠军。将一个看似宏伟的大的目标分解成许多小的目标，既可以提高目标的可行性；又可以减轻自己的精神压力；还可以用以检查目标是否切合实际，避免自己做无用功。

在保险推销员的培训课堂上，有个同学问老师："老师，我想在一年内赚100万元，这可能吗？"老师不慌不忙地说："我们来看看，你要为自己的目标做出多大的努力，根据我们的提成比例，100 万元的佣金大概要做 300 万元的业绩。一年：300 万元业绩。一个月：25 万元业绩。每一天：8300 元业绩。每天完成 8300 元业绩大概要拜访 50 个客户。以此推算，一年需要拜访 18000 个客户。请问你现在有没有 18000 个 A 类客户？”他说没有。“如果没有的话，就要靠陌生拜访。你和一个人沟通的时间平均是多长？”他说：“至少 20 分钟。”老师接着说：“一天要谈 50 个人，也就是说你每天和客户交谈要 16 个多小时，还不算路途时间。请问你能不能做到？”他说：“不能。老师，我懂了。目标不是凭空想象的，是要凭着一个能达成的计划而定的。”

当找到了可以实现而又十分向往的目标后，不妨将它在心中或纸上描绘出来，让它看起来比较有真实感，甚至感觉像已经实现了一样。这种“存在感”会促使人发挥内在的精力和才能去达成这个目标。

5. 记忆差，需强烈刺激或重复刺激

潜意识转瞬即逝，它是脆弱的，容易被遗忘和质疑，因为人的本性中就有脆弱的一面。目标制定完成后，需要不断强化心中的信念，才能让潜意识发挥效用。当潜意识成为意识，而这种意识形成了一种惯性思维，潜意识层就有了创造一切的原动力。刚开始的时候，也许有的人会觉得“不好意思”，请告诉自己这是自我超越的途径。下面介绍刺激潜意识的三个步骤。

首先，找一个幽静不受干扰的地方，如夜深人静时待在床上，闭上眼睛，大声说出或写出、画出自己的心愿，可以是一个理想的工作、金钱的额度或一套房子等。想象自己已经真正实现了这种愿望或拥有了这种物品。仿佛它就在眼前等着我，我只要采取行动便触手可及。潜意识会给我

所需的资源和步骤，我会按照它的指示，积极采取进一步的行动。自己似乎变得热血沸腾，迫不及待地想要做些什么。

其次，每天在早晨起床及晚上睡觉前，反复诵读，在心中描绘完成时的景象。或者使用潜意识录音带。潜意识录音带会将激励的语言和背景音乐融为一体，人只能听到其中的音乐，激励的语言则会作用于潜意识。因为人的意识能分辨“真、假”，人的意识可能并不相信自己说的话，因而会产生抗拒，形成障碍，而潜意识可以通过听录音的形式跨过意识层面。

最后，将想要达成的目标做“视觉化”处理，将其做成一张照片或图像，贴在每天能看得到的地方。

在对自己进行启发的过程中，一定要保持高度的情感，如欢乐、渴望、信心等。最初的时候，即使这些启示看似离最终的目标很遥远，也不要动摇自己的信念。因为你想成为成功者，一个能达成自己愿望的人。若能持之以恒，你将体验到潜意识的能量。

6. 放松时，最容易进入潜意识

通过放松，可以让冥想的内容输入潜意识。所谓冥想，就是让大脑停止理性的思考，停止对外的意识活动，达到“浑然忘我”境地的心理自律行为。人在放松的时候，就是处于一种催眠状态，潜意识自然会浮现出来，任何的信息在这个时候都非常容易进入。

著名的商业精英杰夫·乔治就是一个善用冥想减压并激发自身潜能的人。他从国际关系学院毕业后，先是担任麦肯锡咨询公司的顾问，随后在2007年加盟诺华公司，2008年，不到40岁的他已经是瑞士制药商诺华公司旗下山德士公司的全球主管。乔治将公司打理得井井有条，山德士公司取得了两位数的收入增长。有人问他秘诀，他回答：“我没别的习惯，就是坚持每天早上进行冥想，每周跑步3~4

次，不知这算不算秘诀？”

难怪印度哲人克里希那穆提说：“心若能摆脱所有的影响和干扰，彻底保持寂然独立，创造性就会产生。”在当今紧张繁忙的生活中，格外需要这种让心灵恢复独立性和创造性的形式。当冥想者的情绪渐趋稳定，达到心灵的平衡时，思想将借助身体的智慧浮现出答案。一个解除了自我负担与束缚的生命，将释放出巨大的能量。

催眠能够激发人体的无限潜能

杨安催眠：潜意识是隐藏在我们生命中的猛虎，蕴含着巨大的能量。它能在生活中的各个领域发挥效能。

催眠术能让人抑制住负向的能量耗散，强化正向的能量集结。

现代社会是一个竞争激烈、到处充满了挑战的社会。工作、感情、家庭、人际关系等常常让我们感到身心疲惫，心理负担越来越重。在经受了打击和挫折之后，可以想象有多少人会丧失自信、怀疑人生、开始麻木的生活……此时，潜意识中的需求完全被压抑了。催眠能够将潜意识中蕴含的巨大精神能量挖掘出来，让生命更加鲜活。催眠大师马修·史维说：“催眠是帮助你进入自己的潜意识宝库最快最有效的工具。”

催眠还可以不受后天学识的影响，潜意识中属于身体的智慧超出人的预料。哥伦比亚大学临床神经学教授瑞兹做了一项测试，证明了这个论断，并将结果发表在《美国国家科学院院刊》上。

有一位画家非常擅长写实，他画的人物和真人一样大，看起来活灵活现。人们都称赞这位画家是个天才，因为他没有受过专业的训练，也没有系统地学过画画。但是，这位画家有个独特的癖好，那就是他画画时必须独自作画，不许人观看。就连电视台请他做节目，他也坚决拒绝现场作画的要求。一天深夜，这位画家在作画的时候忘记锁门，他的妻子悄悄地溜进了画室。妻子看到自己的丈夫拿着笔在画布上涂抹，但目光呆滞，好像不认识自己一样。妻子叫来医生后，终于真相大白。原来，这位画家不会画画，但他非常想成为画家，就在每次作画前进行自我催眠，没想到每次催眠后画出的画都是神来之笔。

在宇宙万事万物的身上，常常有无法用逻辑解释的奇迹。如果没有坚定的“愿念”，没有自我催眠，这位画家也许会一直禁锢在“求而不得”的人生圆环里。催眠也是一个说服的过程。在生命过程中，说服自己常常需要巨大的勇气，突破意识的阻碍；而催眠可以帮助我们突破强大的约束力，跳出对自己的“定义”，活出新的天地。在催眠的愿景中，没有“我不能”“我不敢”“我做不到”“我不配”“我就这样了”……催眠的作用即开发潜能，提升团队行动力和凝聚力，融洽人际关系，增强个人魅力。

安妮是个平凡而普通的小女孩，她长相平平、家庭平平、成绩平平，几乎没有一样能让她觉得骄傲的事。一天，她将要参加学校举办的舞会。她试穿了衣服，然后去商店的橱窗里看头花。她非常喜欢一个头花，之前来看过很多次了，只是没有钱买。因为她经常来看这个头花，商店的老板已经认识她了。知道她今天要去参加舞会，便决定将头花打折卖给她。安妮高兴极了，戴着心仪已久的头花一路跑跑跳跳奔向学校。在路上，她不小心撞倒了一位老者。她连忙将老者扶起来，并且微笑着向老者道歉。老人忍不住说：“多么漂亮又懂礼貌的小姑娘呀。”安妮更开心了，继续向学校跑去。舞会上，活泼的安妮成了令人瞩目的人，同学们都争相请她跳舞。安妮觉得这是自己生命中最快乐的一天。舞会结束，回到家后，她站在镜子前面，想再看看自己美丽的样子。然而这时她才发现：自己的头上并没有戴着那个美丽的头花！也许是和老者相撞的时候碰掉了。

原来让安妮散发出生命光彩的，并不是美丽的头花，而是她认为自己戴着头花时，产生的自信。这种自信让她不自觉地调动自己的神态、表情、心情、精力甚至是周边的气氛，配合她达到理想的境界。催眠是要让自己相信："我戴着头花。"

神奇的催眠术和并不神奇的催眠师

杨安催眠：催眠能让过往生命中的伤痛和沉重的负担得以消化，获得勇气，使生命焕发出勃勃生机。

很多人认为：催眠师能让别人失去抵抗力，然后控制他人。其实这是一种误解。催眠大师认为："催眠不是让人沉睡，而是让人醒来。"催眠是将控制自己的能力交给被催眠者的技术。在精神医学中，催眠能够疗愈疾病。在日常生活中，催眠能让过往生命中的伤痛和沉重的负担得以消化，获得勇气，使生命焕发出勃勃生机，最终恢复健康快乐、幸福美满，像新生的婴儿一般面对这个世界。

一天，一个身材高挑、容貌姣好但形容枯槁的女人走进了催眠师的办公室，寻求帮助。通过了解，催眠师知道她患有严重的抑郁症，已经半年没有工作了，曾经自杀过两次。随后催眠师为其进行了敏感度测试，在六级敏感度测试中，她的得分是四级。越敏感治疗效果会越佳，催眠师有了帮助她的信心。随着催眠治疗的深入，一个悲惨的故事逐渐浮出水面：这个女人 26 岁，有一个 3 岁的孩子。和大学同学结婚后，由于和老公的家人关系恶劣，最终导致了离婚。离婚后，这个女人依旧爱着自己的前夫，只要他叫她，她就会过去。然而最终的结果是多次的堕胎让她以后不能再生育，而前夫还会去找别的女人。在极度的情绪低落中，她割腕自杀了。

被家人及时送往医院得到救治后，她离开伤心地，去了一个大城市。在这座城市谋得了一份工作。其后，她所工作的公司的老总爱上了她。然而因为无法接受她不能再生育，便将她派去了外地的分公司。在这最需要关爱的时候，她又如棋子一般受人摆布，如落叶一般再次飘零。她又一次割腕自杀了。再次幸运的得救之后，她如僵尸一般麻木的活着，家人不得不24小时轮流看管照顾她。

了解详情后，在接下来的催眠互动中，催眠师和这个女人进一步沟通，他发现，这个女人的内心对自己、对女儿、对家人、对前夫、对老总等人，还是心怀爱意，没有愤恨，对未来的生命还有强烈的挣扎和渴望，于是通过年龄回溯，让她看清自己每一段人生的经历与意义，对痛苦往事进行发泄与认知提升，并用灵魂圣水进行身、心、灵的彻底洗涤，最后用金光小球的催眠对其进行爱、能量、健康、信心与未来美好人生展望的暗示指令的注入，让她的身、心、灵从内而外焕然一新。

在治疗的第四天，笑容浮现在她漂亮的脸上，她开始主动和催眠师聊天、互动。治疗结束时，她愉快地和催眠师讲了自己未来的理想，那就是她要开一家美容馆，将美送给每一个爱美、爱生活的人。

在人生的航程中，我们就像一艘航行了很远的轮船，也许船身上沾满了苔藓；也许甲板上已经堆满了太多的货物；也许螺旋桨已经无法开动。要更顺利而欢畅地航行下去，就需要对自己的过去、现在、未来有清晰的界定和认知。深层次地自我认识不是一件容易的事，然而在催眠这种形式的帮助下重塑人生的例子比比皆是。

催眠师接待过这样一个男青年：他相貌英俊、名牌大学毕业、有一份让人羡慕的工作，但是因为和母亲的关系破裂，觉得生活了无生趣，甚至有自杀的倾向。

原来他出生在一个单亲家庭，从小就很懂事，也知道体恤母亲，每天早上起早做饭；在学校里刻苦读书。这似乎和他现在的状态很不相符。在催眠的状态下，他在催眠师面前放声痛哭，说出了很多年前的一件往事。这件事一直埋在他的心里，日积月累，持续不断地发酵，以至于产生的副作用已经远远超出了事情本身：初中时，他暗恋学校的一位女教师，并且在日记中写了很多充满爱恋的话。不料，藏着的日记本被他母亲在打扫房间时发现了。母亲大发雷霆，当场烧了那些日记。他看着写满爱恋的纸在面前化为灰烬，开始哭泣。从那以后，母子俩再也没有提过这件事，而他也还是个听话的好学生。然而似乎有什么东西已经变了。

听完了这件事，催眠师引导他真诚地向母亲说出自己的感受，母子间互相表示了歉意。催眠师又通过专业的引导，让这件事情对他的影响缩小到正常的状态，即成长过程中的一次挫折罢了。当催眠治疗结束的时候，他脸上的表情平静而自然。

人是一种非常复杂的生物，我们常常看不清世界，更看不清自己。只有透过对自身的深层次认知，才能更清晰地分析周围的环境，达到“物我和谐”。观察自己的内心深处，有助于“内省”，放松身心。催眠像神奇的魔法棒，能打开心灵深处的盒子，将其中负面的能量，如悲伤、焦虑、仇恨、痛苦等释放出来，相应地，沉在下面的正面能量，如快乐、平和、祝福等就会显现出来。“感知是疗愈的开始”，发现自己、面对自己、接纳自己，正是激发正能量的前提。

一些痛苦的、失败的、挫折的、委屈的生命经历会在记忆中一直存在，催眠可以帮助我们寻求内在的压抑，找到转移压力的方式。从辩证法的角度讲，任何相反的能量都是共生的，也就是说，如果有“强”，则“弱”必定同时存在。在我们心中被隐藏的最深的、最脆弱的地方，也就是强大的力量之所在。正如孟子所说：“故天将降大任于斯人也，必先苦其心志，劳其筋骨，饿其体肤，空乏其身，行拂乱其所为，所以动心忍性，增益其所不能。”环境在给我们失败、伤痛等经历的同时，也赋予了我们巨大的能量。不幸的是，大多数人被痛苦击倒后再也没有勇气起身，或者深陷在负面情绪的泥潭中无法自拔，自然也就无法找到力量之所在。催眠师能帮助每个人找到这种力量，而催眠是发掘这种力量的有力技能。

催眠衍生多领域边缘学

杨安催眠：催眠在各个领域都有用武之地，尤其是在写作和销售这样需要创造性思维的行业里。

广义上的催眠，不仅仅是接受催眠师的治疗，坦诚地面对自己，也包括生活中所有的暗示行为。在生活中的各个领域，都可以找到催眠的例子。比如，将单词表贴在容易看到的地方，或反复看英文电影背单词；信任并购买广告中的商品；孩子在家长的鼓励下，取得了好成绩；走夜路的时候吹口哨给自己壮胆；在病人的病房里摆放生机盎然的植物；过节时说吉利的话；登台演讲前告诉自己“我能行”；恋爱中的人让对方信任并配合自己，达成默契，顺利走入婚姻的殿堂；一个身体处于亚健康状态的人，通过催眠让心灵得以放松，让身体缓解不适；宗教中教人为善的教义……很多时候，即使自己接受了暗示，也很难察觉到其中的奥秘。

催眠是一种蕴含无限潜能的心理技巧，如果善加运用，会产生你想要的结果。因此，在很多领域，人们都在有意识地去挖掘催眠的作用。在销售领域，“催眠式销售”逐渐被人们重视。

有两个小店同时卖煎饼，甲店的营业额总是比乙店高。乙店的老板百思不得其解：两家店所处的位置差不多，提供的煎饼口味也差不多，营业时间等其他因素几乎没有差别，为什么甲店卖的多呢？他决定亲自去甲店参观一下。于是，他乔装成一个买煎饼的顾客来到甲店。服务员问他：“请问您的煎饼要加一个鸡蛋还是两个？”他随口说：“一个。”在这一瞬间，他恍然大悟。因为自己店里的服务员都是这样问的：“请问您要不要加鸡蛋？”

仅仅一句简单的问话，就将两家店拉开差距。在销售领域流传着这样一句话：“最高级的销售不是在介绍商品，而是在销售自己。让客户对你产生信任、不抗拒，能够欣然倾听、接纳你的建议，才能达成最好的合作。”的确，暗示在销售领域几乎无处不在。每个人大概都或多或少听过下面的话：像您这样高挑的身材很适合穿这款衣服；如果您家里很大能放得下，建议您买这种尺寸的衣柜；您的皮肤真好，可要好好保养，这款乳液用过的人都说很好；孩子考试费脑子，这款口服液能提神醒脑；怀孕期间饮食可要注意，这些都是有机食品……销售人员通过语言暗示、氛围暗示等催眠方式，让客户不知不觉地跟着自己的思维思考。在和客户交往的过程中，销售人员通过语言让两个人进入催眠状态。其要素是达到放松、专注、配合、信任、不设防。好的销售不是先卖产品和服务，而是先让客户接纳自己。

要让客户接纳自己，首先要观察客户，在了解客户的行为特征后进行模仿，比如客户说话慢条斯理、引经据典，那么销售人员也应这样说话；客户喜欢夸夸其谈，那么销售人员也可以海阔天空地聊天。总之，就是让自己和客户在同一个舞台上，看起来就好像两个人要彼此默契配合，才能唱好同一台戏，客户就不会在意识的层面上产生排斥心理。当两个人进入到共同的认知体系当中，再销售产品也好、服务也好，客户都能在潜移默化中接受。

也就是说，成功的销售不是擅长拿下客户，而是要让客户产生他将你拿下的错觉。这时客户自然就不再对你设防，销售产品自然轻而易举。

在创作领域，催眠也能起到不可估量的作用。人的潜意识里有无穷的能量、规律和信息。潜意识和右脑有关，这就是为什么左撇子的人记忆力更好，图形处理能力更突出，显得很聪明的原因。搞音乐、美术、文学创作的人，右脑的功能格外显著；同时，他们的内定能力很强。在需要的时候，可以屏蔽掉与外在的交往。这样，他们能够进入到潜意识深处，寻找灵感和创作的源泉。

科学家爱因斯坦就是“催眠式创作”取得成功的典型代表。众所周知，爱因斯坦是人类伟大的科学家之一，不为世人所熟知的是，他同时也是一个音乐家，他的小提琴拉得很好。当他拿起琴弦，拉出优美的音符，沉浸在音乐世界里的时候，通过对自己内在世界的探求，找到了宇宙的规律，发现了相对论。

苏联催眠学家瑞伊阔夫在20世纪60年代做过的实验更值得人们深思。他找到166个容易进入深度催眠的小有艺术基础的人，分别对他们进行催眠，暗示他们是某某艺术大师。结果这些人在有了新的“身份”之后，对自己的真名不再有反应，甚至连镜子里的自己都不认识了。在催眠状态下，下棋者的棋术令前世界国际象棋大师王塔尔印象深刻，画画者的画很有拉斐尔的风范，拉琴者的演奏像极了克莱斯勒。

由此看来，催眠的应用有着广阔的前景。在开发潜能方面，催眠师可以通过科学的实施催眠术，来提高人的记忆力和学习能力。普通人也可以通过自我催眠，激发出未被自己认识到的能力。随着人们研究的深入，一定会发现催眠更多的用途。

催眠的实用受益点

杨安催眠：催眠可以给人们带来六大益处：消解情绪压力，调整生理机能，传送正面信息，突破学业/事业，建立自信，勇敢面对人群，辨清人生方向。

1. 消解情绪压力

生活中有的人比较悲观、消极，认为生活了无生趣、毫无意义，自己的一生就是充满悲伤的一生，自己所拥有的终将失去……

刚出生的婴儿为什么不会悲观、不会绝望、不会不自信？随着年龄的增长，为什么反而会有各种情绪问题呢？

追根溯源，在人成长的过程中，人们如婴儿般张牙舞爪地面对外在的环境时，会和周围的环境、人产生冲突。如果这个冲突相当大，当时没有被很好地消化和处理，这种挫败感就会留在潜意识中。那么，日后再遇到同样的情况时，情绪就会和挫败感关联起来。

面对这种情况，催眠师可以将其再现，让人对这件事重新认知，接纳它，因为这是我们生命的一部分。当我们能够接纳自身的这部分时便能消除痛苦，让自己重新获得自信、力量感。

生活中还有一种人，他们的沮丧来自于对自我的不满足。当人的内心产生某种欲望的时候，人自然会执着于推动这个欲望的达成，而这种推动通常是非理性的。人们不思考达成欲望的可行性，不思考是否超于自身的能力和目前所处环境对自己的支持力度，自然就会带来失落感、挫败感。此刻人不是活在现在，而是活在未来不能达成的欲望的结果中。因此佛学中讲，要活得喜乐、满足，就要活在当下，不要被欲望控制，平心静气地关注此刻，享受当下。

这时可以通过自我催眠，让自己处于排除一切外界干扰的状态，问问自己的内心：这是我需要的吗？我能通过制订详细的计划达到吗？在催眠状态下进行的内省，能够帮助我们看到心灵深处的渴求，摒弃华而不实的贪欲，从痛苦中解脱出来。因为催眠时整个人被爱和能量占据着，往往能产生连接内心的觉悟，而爱和觉悟不会被欲望牵引控制。催眠能帮助人们唤醒内心的知觉，完成自我的探索，帮助人生走向成功。

2. 调整生理机能

有的人虽然工作很忙，但看起来总是神采奕奕，充满了活力。原因之一是他们善于放松自己，二十分钟的自我催眠就能让他们充满能量。

在很累的情况下，可以找一个安静的地方，比如办公室或者家里，不想任何问题，全身放松，将注意力放到呼吸上，做深呼吸或者和平时一样，只要自己感觉是自然的即可。最好是达到真正的放松，不要让大脑处于警戒状态，也不要遐想一些不相干的问题；无论采取什么姿势，全身肌肉要放松，不要有紧绷或不适感。也可以通过一些方式达到放松的状态，比如放松、听钟表的“嘀嗒”声，每听一声就提醒自己要更放松；呼吸要均匀而和谐，感觉身心宁静。这样只要三五分钟，人就会内定下来。

如果想象力比较好，可以同时想象吸入空气中的氧气正在渗透到血液里，通过血液循环它被输送到身体各处，给自己补充能量；而那些负面的情绪，比如反感、抗拒焦躁等，正在随着二氧化碳和废气一起排出体外。只要做十分钟，整个人都会觉得神清气爽，很舒适。

达到最佳的状态后，就可以给自己发出指令，比如，如果想获得一个女孩的芳心，可以跟自己说：“我要走过去和她说话”等，想象自己和她开心聊天的场景。一定要给予自己精确的指令，不能是空的，比如“要让她喜欢我”之类。指令越精确，效果越好，想象越具体越好。

之后给自己一段放松休息的时间，然后唤醒自己。之后，潜意识会按照你下达的指令，将整个人的精神状态、言行举止、音容笑貌等调整到能接近目标的最佳状态。

这听起来很简单，要做到并不容易，若能持之以恒满怀信心地练习，效果会更佳。

3. 传送正面信息

相信很多人都有过这样的经历：临睡前想着明天有事要早起，必须在几点起床。想着想着就睡着了，第二天果然能在那个时间起来；一些得了绝症的患者奇迹般地好了，或者活过了被判死刑的时间。究其原因，人们发现他们无一例外都能保持心态平和，认为：“我的疾病会痊愈的，我会越来越健康。”自信也是一种自我催眠的产物，比赛、考试前对自己说：“我一定能取得好成绩。”那么，想做的事能在过程中饱含激情地去完成；曾经让人百思不得其解的事能在豁达中云开雾散。

古希腊大力士西西弗因惹怒了神祇，被罚从事苦役：将一块巨石从奥林匹斯山下推到山上。但由于受到诅咒，巨石抵达山顶的刹那，就会自动落到山底。他就要走下山，再次向上推，周而复始，没有尽头。这就是他的命运。

某一天，西西弗在搬运巨石的途中，突然觉得自己搬动巨石的每一个动作都是那么美。于是，他全神贯注地感受自己全力以赴的每一刻。无上的尊贵感包围了他，所有的劳苦、疲惫、绝望仿佛都消失了，他开始全身心享受这份美感，不再抱怨。这时，奇迹发生了，诅咒竟然在这一刹那解除了，巨石不再流下，西西弗从永无止境的苦役中重获自由。

也许并不是擦亮眼睛就一定能看见光明，但有多少人一直封闭在对自己的诅咒中。细细想来，如果我们无论面对怎样的环境，处于什么样的位置，过着怎样的生活，总是心怀不满，心生抱怨，总是不情愿地裹在生活的欲流中，那无异于在不知不觉中为自己套上了枷锁。

让人觉得痛苦的不是痛苦本身，而是想要逃避痛苦。生活无处不苦，但倘若能学会放松自己，消除与苦对峙的念头，在苦里安心，视苦为美，视苦为创造、为尊贵，即使顶风冒雨，也能回身欣赏自己留下的脚印，然后继续以全身之力走好现在的每一步，享受现在点点滴滴的美好，这是唯有你能够给予自己自由的翅膀，也是终身的礼物。

4. 突破学业/事业

心态对一个人的命运至关重要。“积极的心态像太阳，照到哪里哪里亮；消极的心态像月亮，阴晴圆缺不一样。”

不知道你是否见过“大象与木桩”这种现象呢？大象小的时候被拴在一个木桩上，它挣扎了几次发现无法挣脱就放弃了。等它长大了，已经完全有力量拔掉小小的木桩时，却再也不会有挣扎的行为了。于是，一根小小的木桩，就这样困住了强壮的大象。

在日常工作中，你有没有产生过这样的想法：这件事我不能干，那件事以我现在的能力干不了吧，这件事我无能为力了……我们总能找出一些充分的理由，对所有未发生的事加以否定。如果真的去实施了会怎样呢？最常见的结果有两种：失败或成功。即使失败了，我们也能从中吸取教训，用来校正今后的路；成功了，则会收获辛劳之后的果实，并有了继续前行的动力。如此看来，无论怎样都没有坏处，只是在万事还没有开始时，我们无法突破内心的束缚。消极的暗示，使我们产生了自卑心理，限制了自身能力的发挥。此时就要发挥潜意识的作用了，潜意识是“一根筋”，会直接带我们去往理想之处。

消极的暗示对个人能力的发挥有很大影响，对心智尚未健全的儿童的影响就更大。比如，当孩子算错了数时，家长说："笨蛋！这么简单的数都算错了。"当孩子考试没考好时，家长说："这有什么难的，你怎么就是学不会?"时间长了，孩子就会对自己产生怀疑，意志消沉，产生"自己是学不好的"这种潜意识。一旦这种观念进入潜意识，孩子就会真的变成一个"笨蛋"。随后，他的一切言行可能都会沿着一个"差生"的轨道走下去：上课不听讲、逃学、打架……既然在好的地方不能做好，那么就在坏的地方"做好"吧。如此看来，结果是多么可怕；而产生这样严重的后果，又是多么的不可思议。不幸的是答案是肯定的，一生的基础，的确会在暗示中产生转折。这个结论，在试验中已得到证实。

有一所中学想将智商高的学生分到快班，智商低的学生分到慢班。于是，学校想通过计算机程序测出智商的高低。巧合的是，计算机软件程序出了问题，将智商高的学生分到了慢班，将智商低的学生分到了快班。谁也没有发现这个测试结果是错误的，就这样分班上课了。

五个月后，校长终于发现计算机的程序错了。这样一来，只能再测一次。这一测，结果令人大吃一惊：之前分到快班的学生，原来智商很低，现在智商大幅度提高，而且学习成绩也很好；之前分到慢班的学生，原来智商很高，现在智商有所降低，而且学习成绩也不理想。

校长大为不解：为什么会出现这种情况呢?

于是校长去询问任课老师："上课时，有没有发现什么问题?"慢班的任课老师说："当时我们发现，被分到慢班的学生都无精打采，学习兴致不高，成绩也渐渐下滑。但是我们想，反正这些学生智商都不高，学习不好也很自然。"而快班的任课老师说："开始上课时，所有老师都觉得这些学生接受能力较差。但是，计算机测出结果是这些孩子的智商都很高。我们想，计算机是不会出错的，那肯定是我们的教学方法有问题，所以就改进教学方法。”

老师的看法，对学生是一种暗示，即全体学生被老师催眠了。老师从内心觉得这些只不过是智商比较低的孩子，即使自己再怎么努力教学，他们也不会获得提高。那么，在老师的言行和表情中就会不自觉地流露出这种情绪。学生每天都接受这种失败信号的暗示，这种信号就会进入学生的潜意识，最后连学生自己也觉得成绩差很正常，似乎一切就应当如此。而被分到快班的学生，每天都得到相反的积极的暗示，久而久之，自己也认为自己很聪明，肯定能考出好成绩。家长及老师的认可，对学生的影响很大，用积极的暗示，可使学生产生积极的心态。消极的语言，可使学生产生自卑心理、消极的行为。

因此，学习知识的过程好比给田地灌溉，如果你认为这块土地贫瘠，再怎样用心浇灌也长不出好庄稼来，自然也就不会获得丰收；如果你认为它是一块良田，哪怕真的是一块贫瘠的土地，最终也能获得超乎想象的收获。

5. 建立自信、勇敢面对人群

在生活中，也许你会为这样的现象困惑不已：有的人能力不如自己却如鱼得水、名利双收；有的人一说话别人就愿意采纳，甚至言听计从；有的人好像每句话都能说到他人的心坎儿里去？若多加观察，你会发现除了知识面和眼界的关系外，人际交往的高手都有同样的特征——善于自我催眠和催眠他人。

如果在人际交往方面因为既往的经历，或自身的性格原因而产生不自信，不妨选择一个安静的时间和地点进行自我催眠，在全身放松后给自己下达这样的指令：

“我对新的挑战不会感到担心，我面对不熟悉的人不会紧张，我对自己充满了自信。我可以在任何情况下都保持从容冷静。我不再羡慕别人，我也可以让自己的个性得到最大限度的发挥。因为我有自信，我的朋友会对我更友好，我的生活在各个方面都会得到改善。我相信自己的能力和才智。在别人面前，我不用紧张和怀疑自己。”

“我不再对别人对我的评价而感到焦虑，我不再因为不愉快的与人交往的经历而否定自己的魅力。自信将赶走我脑中的焦虑。我抛开一切对失败的恐惧，所有负面的想法都灰飞烟灭。没人可以决定我面对未来的态度，没人可以欺负我。我充满自信，更加自立、自强。”

“看着镜中的自己，给自己一个自信的微笑。我将保持这份自信，无论遇到什么样的挫折，都不否定新发现的自我。我变得从容、强壮而有力量。我喜欢我现在的样子，别人也一定会喜欢我自信的样子。也许让别人重新认识我并不容易，然而我不是为别人眼中的我而活，我是为自己而活。”

“当我从 1 数到 5，就会从催眠中醒来，那时我会充满活力或者自信。1——开始从睡梦中醒来。2——我开始重新感知周围的事物，我拥有安全感、满足感，周围的环境让我觉得舒适。3——我对新的自己充满了期待。4——我是乐观的。5——现在我完全清醒了，我是充满活力的。”

也可以是其他更有针对性的，最想对自己说的话。然后在生活中坚定地“扮演”一个非常有自信的角色。这个角色充满了魅力和说服力。慢慢地，那份自信就会融入到自己的性格中去。

6. 辨清人生方向

人们眼中的成功人士，都是善于自我催眠的人。想到别人没有想到的事，做别人没有勇气做的事，做别人做不了的事，是成功者的特征。他们常常能远距离地看待万事万物，看到自己内心的愿望，把握事物的规律和流动趋向，这些都是通过自我催眠时产生的智慧完成的。另外，如果不能不断内省，调整自身能量，挫折、失败、痛苦等来自外部世界的所有打击都足以让人偏离本来可以成功的路。

有两支火把，奉火神之命到世界各地去考察。两支火把中第一支没有点燃，第二支是点燃的。

过了不久，两支火把回来提出考察报告。第一支说：整个世界都陷在浓郁的黑暗中，我觉得眼前的世界情况坏到了极点。第二支火把的报告却恰好相反，它说：无论我到哪里，总可以找到一点光明，所以我认为这个世界是十分有希望的。

听了这不同的报告，火神对第一支火把说："也许你该好好问一下自己，有多少黑暗是我们自己造成的?"

当你看到的全是黑暗时，问题在于你自己的心里没有光明。每个人都是一支火把，有的火把被别人点亮了，有的火把没有被点亮，难道它就要一直居于黑暗中吗？难道它就要失去释放自己光芒的机会吗？火把只是火把，火把要散发光亮，本身是需要他人点燃的。然而我们有能力照亮自己的人生，进而照亮周围的世界。

人生的选择有很多，方向也四通八达，然而究其根本只有两种：选择面对、选择逃避。认清潜意识中的力量，就能辨别哪里有希望的种子。

催眠与年龄没有太大关系

杨安催眠：催眠能帮助我们梳理过往生命中的经历。在催眠中，我们可以回到任何年龄段。

无论在哪个年龄段，我们应该都经历过或者看到过这样的现象：由于心理问题而引起的在人际交往中的莫名紧张、口吃、不善言谈、冷漠等；由于过度在乎别人的评价，一旦受到否定的评价便出现自卑和自我否定等情绪；由于内心过度压抑，与亲人朋友关系紧张；由于潜意识中对自己、对环境的影响力评估不足，产生无力感，行事消极；被潜意识中的恐惧绑架，过度敏感多疑。

这样的人在生活中无疑会给自己和他人的生活带来不适感，无法让自己的生命和谐，却很少有人真正认识到自己的问题，并且找到解决的方法。俗话说："江山易改，禀性难移。"这些性格定式真的不能改变吗？

人的性格特征储存在大脑深层潜意识中，而三岁前的记忆更是储存在杏仁核里。在清醒的状态下，意识负有维护性格稳定性等功能，我们难以跟潜意识沟通，因此，一般情况下我们无法改变固有的思维定式。这是否意味着我们只能听天由命、接受命运留给我们的所有糟粕呢？其实，改变并非完全不可能，除非时光倒流。在催眠状态下，催眠师可以直接与潜意识沟通，进行年龄回溯，思维定式便有了被修正的可能，自然命运也可真正掌握在自己的手里了。

我们先来解释为什么即使认识到了自己的不足，也还是会出现上文所说现象的原因。

年龄回溯就是回到过去的记忆。人们通常会认为：记忆像头脑的档案柜，当你回想一件事情时，只是找到那个档案，然后就会原封不动地看到它本来的样子。这是一种误解。记忆是不同神经元之间各种各样不同的联系。所以，过去之间的联系，就会成为一个记忆。例如，感受到的、听到的、闻到的、看到的一切因素互相连接，就会形成网络。当你再回忆的时候，并不需要所有的因素都齐备，而只要触动其中的一个因素，整个记忆就会重现。如果一个人曾经和长着黄头发的女孩有不愉快的交往经历，则无须再次看见这个女孩听到她的声音，只要看到别人有黄头发这个因素，就会引起他的不愉快的感受。

这就会产生一个严重的问题——无视现实。也就是说，这个人现在所处的状态其实不是现在的状态，而是激活这个因素时，感受到的从前的状态。俗话说“一朝被蛇咬，十年怕井绳”就是这个道理，此时，人就生活在过去。有些人婚姻失败后，就很难再走进婚姻，只要接触到感情问题，不自觉地就会认为：“如果我对他好，就会受到伤害。”此时，过往经历中所有的挫折感和不安全等全都重现出来了。

记忆被触发的时候，我们会对未来产生一个预期。大脑永远根据过去发生的事，来预期未来可能产生的结果。如果这个预期是不好的，就会在行动上裹足不前。也就是说，我们做出的决定，不是根据；我们看到的未来，也不是从现在开始到以后的未来，而是以前的经历制造出来的那个未来。由此导致我们往往不能理智地面对现在，自己的未来是由过去决定的。如果曾经有不愉快的记忆，很可能就会形成未来让人不舒适的样子。

这就是过去、现在和未来的关系。要做一个幸福生活的人，就要对自己的记忆做一些调整，不能让我们的记忆成为我们的羁绊。

年龄回溯让我们有机会面对“过去的我”。这个观察记忆的过程可以制造记忆，记忆是不断被重建的。记忆被重新激活时，可能并非最初记忆的始发点，现在的环境也会对当时的记忆产生影响。上面也说过，记忆是由很多因素连接而成，通过有目的的回忆，我们可以改变记忆的内容。

年龄回溯属于催眠诱导技术。在过去，催眠师会诱导我们回忆童年，挖掘痛苦的记忆，找到原因；现在，有的心理学家认为，强行地再次激发痛苦的记忆会有副作用，无须回到问题的本源，也能解决问题。因此，在做年龄回溯的催眠时，导向性可以有所偏移，回忆时更注重寻找让人感到被爱、感到放松、感到自信的点点滴滴，把这些东西带到现在、带到未来。在实际操作中，催眠师可根据个体性格、遭遇、所处现实环境的不同，采用不同的方式。

年龄回溯能让我们接触到过往经历中各个阶段的“我”，也能触及深藏在潜意识中的能量和资源。它将帮助我们运用这些资源解决过往生命中的一些关键事件，将过去的经历和现在的体验分开，即获得区隔能力。届时，我们将有力量用正确的眼光重新对自己进行认知，而不是用某种特定的眼光看待自己。如此自然能改写记忆带给我们的负面感受，解决一直困扰我们的问题。

聚焦能量和强力引导

杨安催眠：要想焕发出生命的光辉，需要某种力量的引导。催眠可以带领我们找到隐含的力量。

在生活中我们需要愉悦自己的心灵，一本好书、一曲美妙的音乐都可以让我们有这样的体验。催眠过程也会给我们带来快乐的暗示，让生命恢复饱含能量的状态。自我催眠就是给自己正面的暗示，是自己诱导自己进入催眠状态，利用“肯定暗示”促使潜意识活动，从而达到治愈疾病、调节身心的目的。

自我催眠需要在安静、温暖的环境中进行，光线可以适当暗一些，然后选择一个舒适的姿势，让自己保持静止的状态，通常来说躺下比坐着效果好。觉得放松后，闭上眼睛，慢慢地呼吸。想象呼气时所有的不快和压力都被呼出体外；吸气时，清新的氧气流进心肺。随着呼吸，自己觉得越来越放松……我们沿着一条小路向前走，前面有一片青草地，草地柔软、碧绿，散发着淡淡的香气。走在上面，觉得非常轻松。继续向前走，看到一湾宁静的湖水，水边有几棵垂柳。柳树嫩绿的枝条轻轻拂过湖水，激起点点涟漪。在岸边坐上小船，飘飘荡荡来到对面的山林。沿着林间小路向上走，听到林中鸟儿低鸣，感到阵阵微风拂面。走着走着，走累了，看见前面林间的空地上有一块大石头。坐在石头上，阳光斜斜地照射着，暖洋洋的，非常舒服。好像有一股热流在头顶涌动，大脑得到了休养，感到前所未有的轻松舒适……现在，热流顺着颈部继续向下，肩部渐渐温暖起来。这股热流向下移动，经过小臂、经过手腕。现在觉得两个手心越来越热了。然后，热流顺着十个手指缓缓地排出体外，带着躯体中的不适、压力和烦恼流出了体外……重新将热量凝聚在肩部，肩部越来越热了。这股热量随着躯体缓缓下移，肺部、胃部、肝部、肾脏都得到了滋养。你的腹部越来越热了……这股热流随着大腿继续向下移动。小腿也渐渐热起来了。现在热量已经到达了脚心，双脚越来越热了。热流顺着脚趾缓缓排出体外。所有的烦恼和忧愁也流出了体外。现在，全身是一种轻松、舒适的感觉，我会记得，这种幸福和快乐的心情。

到这里，自我催眠的过程就完成了。也可以根据自己的实际情况，用其他的语言方式引导自己，想象的画面越细腻、越真切越好。全方位调动自己所有的触觉、味觉、视觉，将自己放置在立体想象场景中，就可以获得最真切的体验，用自身的能量驱散摆布自己的阴霾。

人本身就充满了神迹，只是有些能量的发现是需要引导的。照镜子时，我们能看到自己的容貌；催眠时，我们能看到潜藏的能量。你自己就是前方的光，可以随时照亮自己。

催眠之易在于奉行，催眠之难在于高深

杨安催眠：尽管催眠是一项高端的技术，想要全面掌握它并非易事，然而，从最简单的自我激励开始学起，经过不断练习，我们就能体验到催眠的成效。

对于心理学专家来说，催眠是一门高深的技术，然而这并不意味着催

眠无法让普通人受惠。我们也可以运用正确的方法，持之以恒地尝试，体验催眠的神奇效果。

自我催眠的方式有很多种，美国心理学家布里斯托发明了镜子技法，即对着镜子说出鼓励自己的话。

有人想：这么简单？会有效果吗？真的能激发潜能吗？首先要相信。试想一下：我们是不是喜欢听到别人的赞扬、鼓励和认可的话？每当听到这样的话，我们是不是觉得自己真的很棒？然后一切烦恼烟消云散，接着兴致勃勃地向着既定的方向前进？那么，我们为什么不自己说给自己听呢？

自己和自己说话还有另外一个好处：抛弃无意识中的自我厌弃。思维会无意识地与自我对话。一个喜欢自己的人，对于自己的鼓励和赞美会觉得很高兴；相反，一个讨厌自己的人，在与自我对话时充满了怀疑、指责和批判。镜子技法可以让我们将这种无意识提取出来，变成喜欢自己的人。

> 一个4岁的美国小女孩叫杰西卡，非常活泼可爱，无论邻居还是幼儿园的老师都很喜欢她，她可以说是人见人爱。每天早上，她是这样开始自己的一天的：早上，身穿睡衣的杰西卡就站在浴室里对着镜子又唱又跳，并且自己对自己喊出激励的话："我的家很幸福，我喜欢爸爸、妈妈、妹妹、阿姨……我喜欢我的发型，我喜欢我的睡衣，我喜欢我的房间，我喜欢学校，我喜欢所有的东西。我喜欢整个家，我做什么都能做好。"在对自己自我激励的时候，她充满了活力，脸上洋溢着快乐和幸福的神情。然后，她带着这样的情绪开始了快乐的一天。

小女孩的快乐和对生活的欣赏令人感动。相信她也会带给身边的人许多快乐和欣慰，难怪身边的人都会喜欢她。可见，在现实生活中，每个人都需要有这样的精神动力。

也许有的人会认为：小孩子的世界本来就很单纯，没有什么烦恼，当然容易喜欢自己、对周围的一切做出肯定的评价。其实，在成人的世界，用镜子激励自己并获得成功的例子也很多。例如日本的保险推销之神原一平。

原一平是日本寿险业一个声名显赫的人物，也可以说是一个传奇式的人物。小的时候，他是令父母头疼的“小太保”；年轻的时候，他穷得睡公园的长椅，走路去上班；后来，他成为日本保险业连续15年全国业绩第一的“推销之神”。1968年，65岁的他成为美国百万元圆桌会议终身会员。1974年，71岁的他成为美国百万元圆桌会议远东地区会长。

回到1930年，27岁的原一平走进了明治保险公司的招聘现场。一位刚从美国研习推销术归来的资深专家担任主考官。他瞟了一眼面前这个身高只有145厘米，体重50公斤的“家伙”，抛出一句硬邦邦的话：“你不能胜任，你根本不是干这个的料。”

原一平惊呆了，继而不服气地问：“请问进入贵公司，究竟要达到什么样的标准?”

“每人每月10000日元。”

原一平愣住了，这个数字是那样遥不可及。可是他心一横，赌气说：“既然这样，我也能做到10000日元。”

主考官轻蔑地瞪了原一平一眼，发出一阵冷笑。就这样，他勉强当了一名“见习推销员”。没有办公桌，没有薪水，还常被老推销员使唤。在最初成为推销员的七个月里，他连一分钱的保险也没拉到，当然也就没有薪水。为了省钱，他只好走路上班，中午不吃饭，晚上睡在公园的长椅上。

然而，这一切都没有使原一平退却。他把应聘那天的屈辱，看作一条鞭子，不断“抽打”自己。为了不使自己有丝毫的松懈，他经常对着镜子，大声对自己喊：“全世界独一无二的原一平，有超人的毅力和旺盛的斗志，所有的落魄都是暂时的，我一定要成功，我一定会成功。”他明白，此时的他已不再是单纯地推销保险，而是在推销自己。他要向世人证明：“我是干推销的料。”

在自我激励的方式下，他每天依旧精神抖擞，5 点从长椅出发，徒步上班。一路上，还微笑着和擦肩而过的行人打招呼。有一位绅士经常看到他，觉得他快乐的样子感染了自己，便邀请他共进早餐。尽管他饿得要死，但还是委婉地拒绝了。当绅士得知他是保险公司的推销员时，便决定买他的保险。就这样，他终于签下了生命中的第一张保单。更令他惊喜的是，那位绅士是一家大酒店的老板，又帮他介绍了不少客户。

从这一天开始，原一平的工作业绩开始直线上升，在 9 个月内共实现了 16.8 万日元的业绩！远远超过了当时的许诺。这时的成功让原一平泪流满面，他对自己说：“原一平，你干得好，你这个不吃中午饭，不坐公车，住公园的穷小子，干得好！”

日本有近百万的寿险从业人员，几乎没有一个人不知道原一平。我们每一个人也都如此喜欢看别人的传奇故事，大概就是因为我们也希望自己被感染，希望有他们那样的勇气和坚持，有他们那样精彩的人生。既然如此，我们为什么不对自己说：他们能够创造的，我也可以。如果你不想在人生中错过什么，就尝试相信自己，尝试唤醒自己吧。只要告诉自己所真正需要的，这并不太难。这些话语，应该满足以下要求：

第一，用积极、肯定、简单的现在进行时短句。

第二，目标要大小适中，可行性强。一旦确定了目标，就要身体力行。

第三，是自己真正需要的，可以维持的。

这种做法要形成固定的仪式，可以每天早晚在刷牙洗脸时对自己说：“你可以做到。”对自己说话时，请凝神静气地看着镜子中的自己，而不是镜子中自己穿的衣服。如果你发现自己很难面对自己，简直不好意思面对自己，那么就更要问一问自己：从前的生活，你对得起自己吗？你是否运用了所有潜藏在身体里的能量，发挥出自己应有的价值，过着有质量的人生？

第二章 催眠过程中的暗示

催眠的整个过程中都伴随着暗示，暗示是催眠的有效手法。环境、动作、语言等会给我们传播怎样的信息？怎样处理暗示过程中的抗拒感？我们怎样通过暗示进入催眠？当你能够全方位了解暗示并懂得操作的时候，就已经打开了催眠的大门。

四类催眠暗示

杨安催眠：催眠师对被催眠者作出的指示或提示，通常分为四类。熟练掌握后，我们可以运用这些手法进行具体操作。

所谓暗示，就是人用含蓄、间接的手段、方式和方法，向别人或者自己发出信息，影响别人或者自己的心理活动。

暗示能对心理产生间接的、潜移默化的影响。例如，有了榜样，我们会进行模仿。消极的暗示会使人情绪低落，加重心理负担；积极的暗示能够调节人的心理、推动有益的行为，增强面对压力及负担的信心。

暗示是进入催眠状态的一种方法，要想进入催眠状态，就不免要用到暗示。催眠师的动作、语言、周围环境的布置等都会对被催眠者形成暗示。例如，为大众所熟知的金球就是一种暗示工具，它的作用是使人集中精力，达到放松的状态。

暗示不但能在专业的心理领域发挥作用，而且在生活中的各个环节中都能带来出人意料的结果。在体育运动中，自我暗示能使肌肉放松，是运动员心理训练的一种方法。在文艺方面，运用暗示心理描写的创作手法，可以深入刻画人的内心活动，给观看者更深的感染和教育。在教育方面，暗示教学法不仅能调动学生的潜在能力，还能提高学生在无意识状态下的记忆力等，大大提高教育效益。在人际交往方面，暗示是社会刺激和反应的形式，是人们交往的一种必要手段。此外，在医疗、军事、学习、交往和日常生活等领域，暗示都能发挥显著的功效。

如此看来，暗示的作用是不言而喻的，然而它像来无影去无踪的飓风，尽管我们知道它有能量，却似乎抓不住它，不能对它进行有效的控制，进而让它发挥作用。之所以叫暗示，是因为我们往往是在不知不觉中接受它的。它对我们产生影响，我们却没有察觉。如果能够了解暗示的工作原理，排除不利的暗示对我们的影响，善加运用有益的暗示，将让我们的生命呈现出清晰的状态。因此，揭示暗示是如何对我们的心理进行做工的，是非常有必要的。现在，就让我们揭开暗示的神秘面纱，厘清催眠和暗示之间的联系。首先，了解一下暗示的种类。催眠师对被催眠者作出的指示或提示，分为以下四类。

1. 现实指令性暗示

按照现实状况直接指示被催眠者该怎样做，或做什么。如暗示被催眠者轻轻按摩三下自己腹部后，腹痛就会消失。

2. 意念动作性暗示

暗示被催眠者集中注意力默想一个动作，由此引发出现实外显动作。如暗示被催眠者静静地站立着，集中注意力默想自己的身体在不停地晃动，过一会儿，被催眠者的身体就会晃动起来。

3. 反应抑制性暗示

暗示被催眠者对一些指令不作出反应。如先对被催眠者说，他全身肌肉都松弛了，手臂很沉，抬不起来了。然后再要求他抬起手臂，结果被催眠者会因手沉而无法抬起手臂。

4. 认知歪曲性暗示

让被催眠者对现实的认知发生歪曲，并将这些歪曲的认知当作现实。

如暗示被催眠者世界上只有1、2、3、4、6、7、8、9、10，没有5，问被催眠者2加3等于几？歪曲的认知常使被催眠者茫然，不知如何解答这一难题。这是一种较高层次的暗示，通常暗示性不高的人不会对此作出反应。

暗示方法因人因时因环境而异

杨安催眠：不同的人对催眠方法的敏感度不同，每个人都有适合自己的催眠方式。

1. 催眠期待

期待是一种看不见的力量。如果没有强烈的期待，内心的力量就不会被激发，你期待的事情也就不会出现。期待仿佛是航线前方的灯塔，有了它，内心才有了前进的动力，一切行动才能不偏不倚。

期待能创造奇迹。古希腊神话中有一个美丽的故事：塞浦路斯岛有一个青年国王，名叫皮格马利翁，他精心雕刻了一座少女雕像。因为在雕刻的过程中，他迷恋上了自己的作品，希望雕像女孩有一天能活过来。精诚所至，金石为开，终于有一天，少女的雕像真的活了！马利翁的期待实现了。

在神话中，期待甚至有跨越生死的能力。这固然是一则神话，似乎不足为信。其实，在现实生活中，期待创造出了无数个“神话”。

好莱坞喜剧巨星金·凯瑞的成功印证了期待的能量。在金·凯瑞13岁的时候，父亲破产了，为了养家糊口，他不得不停止学业，在喜剧俱乐部表演。

从那时候起，他就下定决心一定要成功。有一天，他拿出一张空白支票，上面写着："这个支票要付给金·凯瑞1000万美元，在1995年年底，要拥有1000万美元的现金。"后来就把这张空白支票携带在自己身上。每天有空的时候，金·凯瑞就把这张1000万美元的支票拿出来看——"金·凯瑞得到1000万美元，在1995年年底"。

他并不满足于在俱乐部诙谐调笑，用做鬼脸和滑稽的动作博台下的观众一笑，而是不断锻炼自己的演技。假如你看过金·凯瑞的电影，你也许会好奇地想：他的嘴巴怎么可以张那么大？他的脸怎么可以歪成那个样子？事实上那是他连续练习15年的结果。不久，他果然走上了电影荧屏。一开始，他在影片中饰演一些跑龙套的角色。然而他并不气馁，哪怕一个动作、一个眼神都仔细推敲，终于在1994年，一部电影让他成为家喻户晓的人物。

巧合的是，在1995年，金·凯瑞得到一个电影契约，片酬高达2000万美元，远远超过了他原来的期望。金·凯瑞来到父亲的墓地，把那张空白支票摆在他父亲的墓前，说："父亲，我终于成功了！"

这真的是巧合吗？是期待，让他在父亲破产这样的家庭逆境中不屈不挠，寻找希望；是期待，让他不断挑战专业；是期待，让他持之以恒，不放松对自己的训练；是期待，让他永不止歇，一路走到了好莱坞的舞台上。如果金·凯瑞从来都没有期待自己能在荧幕上施展才华，他就不会去演电影；如果他从来都没有写下那份期待，他就不会获得以高片酬饰演重要角色的机会。期待让他向往更大的舞台，让他在多年的沉积中积蓄实力，让他不甘于平凡，让他最终获得了超过期待的一切。他对自己说：金·凯瑞得到1000万美元。这是对自己的催眠。在催眠中，一切期待似乎都已经化为真实发生的事。然后，它就真的发生了。

美国哈佛大学的心理学家罗森塔尔曾做过实验，他到某小学随意指着几名学生说："他们很聪明，有优异发展的可能。"老师看着那几个孩子，有些不理解：这几个孩子平时都表现平平，看起来毫无过人之处，怎么会是优秀的人才呢？可是，由于罗森塔尔是著名的心理学家，老师就没有对他的话提出质疑，反而从心底觉得自己眼力不济，之前没有发现这几个孩子的特殊才能。过了一段时间，这几名学生的成绩果然进步很大。老师们又佩服又惊讶：罗森塔尔是怎么看出来这几个孩子与众不同的？真让他说中了。于是老师们问了罗森塔尔这个问题。没想到，罗森塔尔说，他当时只是随便点了几个学生而已，甚至都不知道那几个孩子的名字，他想知道期待到底会对孩子有多大影响。老师们这才恍然大悟，随后在全校推广期待式的教学方法，果然收到了很好的效果。

孩子们被心理学家的期待催眠了。心理学家相信他们是人才，老师相信他们是人才，他们自己也相信自己是人才，久而久之，他们的一切都在向符合"人才"的标准靠拢，成绩提高了，自信了，变得聪明好学了。所以，要让催眠和暗示发挥作用，首先要重视期待的力量。

2. 催眠环境

在催眠之前，准备好良好的环境非常重要。外界环境和心灵建设相互配合，才能收到良好的效果。

催眠室周围的环境应该保持安静，最好清净整洁、绿化好、车辆行人等各类干扰少，同时有较好的私密性。一般不要在机场、火车站、汽车站、商业区等闹市地段进行催眠。

如果是针对个体的催眠，催眠室面积不宜太大，10 平方米左右为宜，备有冷、热水，面巾纸与废纸篓；最好不安装电话。室内环境要整洁、有条理，不要有色彩过于鲜艳的东西。可以摆放一些可爱的饰物与道具，能让人放松情绪，也可以在催眠中随时使用。室内应该有一个舒适的带软座垫带靠背的催眠椅，有条件的话可以准备沙发躺椅。如果被催眠者能接受的话，坐在地板上或舒适的床上也是不错的选择。

催眠室内最好是柔和的色彩，譬如，粉蓝、粉绿、粉红为最佳；忌用大红、大绿、鲜黄等刺激的颜色。屋内的光线以柔和或较暗为佳，室外阳光强烈时可以拉上窗帘，避免使用明亮刺眼的灯光，以黄色光为佳。光线不要过强或过弱。过强的光线对人有较强的刺激性；太弱的光线会让人心理紧张，或者产生困意；无光线易使人恐惧，产生抗拒感和防卫心理。室内的温度不能过高或过低，在 18℃ ~25℃为佳，20℃左右较为合适。温度过高，人容易出汗，也会引起情绪激动、烦躁不安，造成心理紧张；温度过低会让人畏寒发抖，产生恐惧情绪和紧张感。

催眠室中如有音乐效果会更好。在适当的时候播放背景音乐将对催眠起到推动作用。背景音乐可以选择轻柔的纯音乐，自然的天籁之声或水晶音乐，如果对音乐有特别的喜好，也可以根据个人喜好选择音乐。一般情况下，催眠过程中最好不要有不相干的噪声。尤其是在催眠的最初几分钟里。但是，如果没有音乐，或者环境限制，或者出于特殊需要，也可以运用周围的原声作为背景声音，如空调声、车声、流水声、说话声，甚至嘈杂的救护车声或电钻声。只要适当地运用引导词，能善用催眠引导技巧，就能直接将干扰音引导成背景声音，引导自己或他人进入深度催眠状态。例如，如果在催眠时能听到外面的钟声，可以用这样的引导词："等一下当你听到钟声的时候，每一次的钟声，都会让你进入更深层的放松里!"事实上如果懂得运用，几乎所有的声音都可以成为引导催眠的好帮手。

接受催眠时，穿着轻松的日常服装即可。做催眠之前可以先感觉一下，身上的衣服是否让人觉得束缚。眼镜、皮带等让人觉得累赘或疲惫的东西都可以取下，让自己觉得轻松，没有多余的负担为佳。最好关掉手机。催眠前可适度进食，不宜过饱，不宜饮酒，不宜做剧烈的运动，以免心浮气躁。可以用一些手势帮助自己尽快催眠，例如，使用拇指与中指轻点在一起的心锚启动器，较容易进入催眠状态。

总之，催眠是与自己的潜意识沟通，和自己心灵的对话，所以需要尽量排除外界的干扰。在生活中，我们有很多困惑，很多劳累，很多坎坷，想寻找宁静的港湾，想唤醒内在的力量，想借助人与自然的沟通达到生命的平衡。那么，首先要调整自己的外在，感觉自己处在一个舒适的环境中，努力将周围的环境看成自然的存在，不排斥、不抗拒，吸纳负面的情绪，反向追寻内心的力量。

3. 受体特征

前文讲到，期待和暗示有着颠覆性的作用，虽然暗示在人清醒的状态下也能起作用，但是它在催眠状态下产生的效应要比清醒时大得多。因为在催眠状态下，由暗示引起的意象会更有威力，作用到潜意识会更强而且持久。抗拒感被降到最低，使头脑对暗示的内容像海绵一样地吸取，仿佛“融入到了血液中”一样，好似暗示中的观点从始至终就是自己的固有观点。

消极的“负面意念”，如抑郁、焦虑、厌恶、紧张等，以及不愉快的事件和痛苦的经历，能在催眠中转变为“正面意念”，如自信、满足、勇气、沉着、胜任、协调、专心、信奉等。情绪和身体机能都将得到修复。

既然催眠能对我们产生这么大的影响力，有的人难免产生这样的疑问：什么样的人适合做催眠，是不是每种人都能从催眠中获得益处呢？针对个体特征，我们应该做些什么才能使催眠的效果发挥到最大呢？催眠敏感度高的人，容易被催眠，也就容易从催眠中获得益处。每个人接受暗示的程度，和素质、性别、年龄、性格、文化程度，以及当时的心境和健康情况等有关。一般来说，有以下特质的人，其催眠敏感度会比较高。

（1）年轻人的脑细胞较有活力，所以容易被催眠；而年纪大的人，因为脑细胞丧失了活力，所以相对较难被催眠。

（2）容易放松的人内心的抗拒感低，很容易让心灵获得宁静，和内在的潜意识沟通，因此也容易被催眠。

（3）正确认识自己，源于对自己和他人的信任。相信自己能够做到，相信催眠师能够引导自己找到内部的能量。因此对催眠师有信赖感的人易接受催眠。

（4）在催眠过程中，需要做一些场景预设，就是凭借自己的想象，按照引导语在头脑中构造出一定的场景。因此想象力越丰富，越能将这个场景建造得细致入微，催眠效果就越好。

（5）催眠时保持高质量的催眠状态。因此专注力高，才能够从头至尾完整地体验催眠过程。

（6）催眠是一个探寻自我、寻找力量源泉的过程。越是想知道答案，越容易找到答案。因此好奇心强的人容易被催眠。

（7）智商高往往大脑比较敏锐，并且容易接受神奇力量的指引，因此也容易被催眠。

（8）在实际操作中，催眠师需要先对每个人的催眠感受性做出判断。催眠感受性高的人，催眠成功的可能性就大。

其实，从广义上讲，我们每天都生活在催眠中：购买商品时我们被销售人员催眠；爱上某个人时我们被对方催眠；看书时我们接受书本上的观念，也是被催眠……自我催眠或者别人的催眠时时刻刻影响着我们，所以，从理论上讲，每个人都可以达到催眠的状态。

如果是经过专业催眠师引导的、需要解决长期积累在内心的问题的催眠，也有一些人是不适合的。

没有相关经验又需要解决严重问题的人，不适合做自我催眠。有时候催眠中会引发一些深层的情绪，这些情绪如果不能得到及时有效的疏解，就好比外科手术时打开了创口却没有切除病灶一样，只能让情况更糟糕。此时，就需要专业的引导，让这些原本深藏在潜意识中的情绪发泄出来。

催眠毕竟不是万能的，如果身心已经有异常状态，如长期情绪不稳定、忧郁、焦虑、失眠、恐惧，或者已经检查出有身心疾病者，建议在运用催眠帮助入眠及放松的同时，应同时寻求除催眠师以外的专业人士协助，以期达到更好的效果。

孕妇可以进行一些让身心放松的催眠，对自己和宝宝都有好处，不太适合做其他探索情绪或深度的催眠。

4. 固定刺激法

暗示的方法贯穿于催眠的始终。因为人的心理现象是非常复杂的，因此暗示的方法也多种多样。可以采取言语的形式、文字和非文字形式，也可以用手势、表情或其他暗号以及用以身作则、潜移默化等方法来进行。

总而言之，催眠就是想办法让被催眠者的注意力集中到一点，让大脑的其他部分因得不到信息输入而受抑制。不管用什么方法，只要能做到让被催眠者注意力集中就能把他催眠。优秀的催眠师能够根据每个人的特质选用不同的方法。暗示的具体方法很多，下面这三个小节将介绍通过暗示进入催眠状态的基本方法。

固定刺激法可以通过对被催眠者的视觉、听觉、嗅觉等观感的刺激来达到催眠效果。在进行催眠之前，先让被催眠者心情平静，躺在床上或坐在椅子上，呼吸平稳，心情安定，然后做相应地引导。

言语暗示加视觉刺激的方法，是让被催眠者聚精会神地凝视近前方的某一物体（一个光点或一根棒、一个球等），物体距离被催眠者大概 10 厘米左右。凝视数分钟后，催眠者便可以用单调的引导词进行暗示：“你的眼睛开始疲倦了……你已经睁不开眼睛了，闭上眼吧……你的全身越来越重、越来越重……你的手、腿也开始放松了……全身都已放松了，眼皮发沉，头脑也开始模糊了……你要睡了……睡吧……”如果被催眠者暗示感受性高，眼睑闭合，说明已被成功地引导，进入催眠状态；如求治者的眼睛未闭合，应重新暗示，并把刺激的物体靠近被催眠者的眼睛加强暗示。

言语暗示加听觉刺激的方法，是让催眠者先闭目放松，然后注意倾听节拍器的单调声或水滴声。聆听几分钟后，再说出类似上述的引导词。还可以根据声音的节奏加上数数，如：“这里很安静。除了我说话的声音和水滴的声音，你什么也听不见……随着我数数的声音，你的意识会越来越模糊。一、一股舒服的暖流流遍你全身……二、你的头脑越来越模糊……三、你越来越困了……四……五……”

5. 灵性按摩法

灵性按摩是比较新的催眠疗法，可以作为一般催眠治疗的补充，尤其是在难以找到问题根源的时候，用灵性按摩的方法，可以带走负面能量，注入正面能量，然后做一个能量的整合平衡。

灵性按摩是爱与被爱的自然表达，是高品质的接触，能让人身心放松，获得疗愈。每一个接触，都充满了关怀；每一个动作，都宁静优雅。灵性按摩能使人身心苏醒，是获得心灵成长的方法，也是催眠的最高境界——无声催眠。

传统按摩能达到筋骨的舒畅；灵性按摩不只深入肌肤、骨骼，还能触及内脏和灵魂，注重的是能量的焕发、知觉的恢复。很多接受过灵性按摩的人都觉得，在按摩中，仿佛只剩下一颗敏锐的心。传统按摩讲究的是力量和技巧；灵性按摩讲究的是心法。传统按摩中按摩师要耗费大量的体力；灵性按摩中，参与按摩的双方都不会感到劳累。因为他们在整个过程中是同步的，在这个过程中无法分清究竟是谁在帮谁，也因为在按摩时双方是在催眠的状态。在帮助别人按摩的同时，按摩师可以锻炼自身的觉知和观照，双方不仅不累，反而都能感觉到神清气爽、心旷神怡。传统按摩讲究手法；灵性按摩的动作则比较慢，因为灵魂的移动本身就很慢，只有在慢速中才能找到通往灵魂的最佳捷径。

灵性按摩是催眠的一种方式，可以达到治疗的效果，适用于任何人群。在亲子交流方面更有其优势。因为婴儿需要和妈妈之间亲密接触，这种按摩有利于增加孩子的心理资源。特别是在婴儿肚子不舒服的时候，受凉的时候，惊吓的时候，妈妈可以为孩子做灵性按摩，婴儿的不适症状往往会不治而愈。也可以说，灵性按摩不仅能让身体得到放松，更能让被催眠者的身体感觉到一种爱、一种能量。它是一种修行方法，是一趟静心之旅，能将自身能量整合起来。

治疗过程通常分为三个阶段：负面能量的导出；正面能量的导入；整体能量的整合。所有的东西都蕴含着能量。例如：当一个人的手臂上某个部位出现疼痛、麻痹等状况，这个地方就有能量的阻塞。

能量的导出就是双方进入催眠的状态，使得被治疗者身上的疼痛（即能量），通过治疗者的手传递到治疗者的身上，再传递到大地，消除这个负面的能量。此时，治疗者的身体好像变成了一个能量流动的管道。然后，催眠者通过双手为被催眠者做一个能量的整合与平衡。能量通常是通过以下四种方式进行流动的。

第一，双手。这个方法有些类似于中国传统的气功。例如：一个练气功的人不接触到你的背，只是把手放在背部附近，你就会感觉到一种气场，这就是能量的移动。于是，能量不平衡的地方就会变得平衡，达到疗愈的效果。在具体操作中，催眠师会将手洗净、擦干并烘热，嘱咐被催眠者闭目放松，用温暖洁净的手轻微接触被催眠者的皮肤表面，例如，被催眠者的前臂，或者从额部、两颊到双手，按照同一方向反复地、缓慢地、均匀地、轻轻地移动。在指导词中暗示：可以通过符合医学原理的按摩，使头部血液回流，达到愉快轻松的状态。这种按摩还以不接触到被催眠者的皮肤，只是靠双手的移动而引起温热空气的波动。

第二，声音。声音也能引发能量的变化，这看似神奇，实则容易理解。例如：听到高分贝的声音，人会烦躁；听到柔和的话语，人会感觉到被爱。催眠师的引导词就是一种声音暗示。催眠主要是靠声音的刺激来引发意识的转换，即能量的转变。

第三，眼神。凶狠的眼神和友善的眼神，几乎每个人都能分清楚。在眼神交流中，就能够发生能量的转移。

第四，冥想。双方通过某一种颜色的光的冥想，就能够发生能量的移动。这种方式使灵性按摩可以用在远距离治疗上。也就是说，这种无声的催眠治疗可以通过电话进行；甚至连电话都不需要打，只需要约定一个时间，然后治疗者和被治疗者在约定的时间里按照一定的那个程序、一定的技术和做法，同样可以收到神奇的灵性治疗效果。

6. 心理疲劳法

在对话的时候，人会集中精神听对方言语中的意思，让大脑做工进行理解、分析，然后自己做出相应的反馈。不过，当人听到自己不能理解的语言或者事情，就会对其失去关注的兴趣，大脑不再有意识地工作，就更容易在催眠师的引导下，进入到潜意识当中，和自己的内心沟通，对自己的负面和正面的能量进行认知和处理。例如，听一篇听不懂的英语文章，人会觉得疲惫，不自觉地进入放松状态。这时候，较容易接受外界的引导，自己内心的声音也容易流露出来。

具体程序如下：让被催眠者以舒适的方式躺好或坐好，休息几分钟，确保身心放松。向被催眠者说些难以理解或让人摸不着头脑的言语，使其不明白催眠师要做什么。过一段时间，被催眠者便会意识模糊，出现心理疲劳，无法对周围的事物做出反应。当发现被催眠者有明显的疲劳感，显示出头颈或四肢无力，眼裂越来越小时，可以暗示：“你的眼皮沉得睁不开了，你试试看。”接着暗示：“你的手也松得没劲了，动不了啦，你试试看。”被催眠者想要睁开眼睛却睁不开，想要举手却举不起来，表明其已经进入了催眠状态。如果被催眠者不是逐渐闭眼，而是自主地合上眼睛，暗示其睁眼时不睁开；让其举手时纹丝不动，都是不合作的表现，说明还没有进入催眠状态。遇到这种情况，应该终止催眠，嘱咐被催眠者按要求重新做。当被催眠者不自觉地闭上眼睛时，就可以从20或者10开始倒数。然后用指导语使被催眠者进入催眠状态，便可进行治疗。治疗完毕，催眠师可以对催眠者说：“治好了……安静地睡吧。”让被催眠者安静数分钟后，就可以用缓和的方式解除催眠。具体步骤是，暗示病人：“现在治疗好了……你可以醒来了……听我数数，数字越来越大，你的头脑越来越清醒，当我数到9，你会完全醒来。”接着，催眠者便开始缓慢数数，1、2、3……并对病人说：“你现在越来越清醒了。”这时，可以看到被催眠者开始有意识地活动，渐渐睁开眼睛。有的被催眠者听一次数数醒不了，可以再数两三次，一般都能够自然转醒。如果还不能醒来，可以先让病人睡一会儿然后再唤醒，或作脑电图等检查。

应对暗示过程中不自觉的“抗拒感”

杨安催眠：暗示过程中可能出现的“抗拒感”有利也有弊。利处是抗拒感在催眠时充当着保镖的角色；弊端是让人无法深入催眠。

“抗拒感”是人的一种复杂的反应机制。在催眠过程中，抗拒感既有利，也有弊。利处是抗拒感在催眠时充当着保镖的角色，一直保护着我们，让我们避免在跟潜意识沟通的时候，被他人的意识操控。

有的人认为，人被催眠后，就像被麻痹了一样，会完全失去意识，能够不加思考地执行催眠师暗示的任何内容。这实在是一种误解。催眠的最终目的是唤醒潜意识，在整个过程中，被催眠者和催眠师的确一直保持着密切的感性联系，这样才能让被催眠者认识自身的潜意识。但是，因为有“抗拒感”的存在，催眠师无法剥夺他人的心理活动。

人在被催眠时潜意识会更加活跃，潜意识有一个坚定不移的任务，就是保护“我”，它像忠诚的卫士一样从不懈怠，在催眠状态时也不例外。催眠师能和潜意识沟通，却无法驱使一个人做他潜意识中不认同的事，或者危及自身的事。曾经有催眠师进行过这样的实验。

在催眠师的暗示下，被催眠者进入了深度催眠的状态，他在催眠中走进一家商场，商场中一片混乱，人们纷纷趁机拿了商品往外跑，因为有歹徒正在抢劫商场。接着，催眠师暗示他也去拿商品。这时，被催眠者突然出现不自觉的反抗意识，脸上出现愤怒的神情，并且喃喃地说：“这是不道德的。”

催眠师继续暗示他，强行要他拿商品。不料，被催眠者突然睁开双眼，自己强行从催眠状态中惊醒。催眠师连忙对他进行合理唤醒，以免留下后遗症。被唤醒后，他不能清晰地记得催眠中发生的事，但能模糊地记得，是要他做一件他不愿意做的事。

所以，人即使在催眠状态中也不会完全按照催眠师的指令行事。但是，“抗拒感”也会导致一些弊端，就是在某些情况下让人逃避和潜意识沟通。

在催眠过程中，有的人很容易进入催眠，他们能跟随音乐和引导词自然地进入无意识状态，听到自己内心的状态，感到舒适和安详。而有的人却无法完全进入状态，不能放松自己，自然也无法从催眠中获益。他们虽然很努力地想走进心灵的旅程，但总会被各种现实所羁绊，脑中刻意地在想催眠场景，却无法和自己的潜意识连接。

在催眠过程中遇到不自觉的抗拒感是很自然的，一般有以下几种情况：

其一，被催眠者注意力不集中，或者想象力比较弱；

其二，被催眠者心理防御机制较强，有戒备心理，没有真正放松；

其三，被催眠者个人意识过于强烈。

催眠过程中如果出现抗拒感，会导致催眠效果不理想，被催眠者自然会对催眠效果产生怀疑、失去信心。

怎样才能摆脱焦虑，减少抗拒感，学会自我催眠的技巧呢?

催眠师认为：这些不同的情况真实地反映了被催眠者目前的精神状况。生活中的人际关系、工作强度、心理预期等都会给人们带来压力；重要的是，对压力本身的不理解和不接受，会给人们带来更多的压力。其实，在现代生活中，压力几乎是一种伴随状态。

面对压力，首先，对自己的生活做出积极的调整。

催眠的重要原理是释放压抑的负面情绪，从而化解压抑带来的问题。主要是教我们怎样处理好各种情绪，负面情绪很大的时候，不恰当的宣泄又会伤害他人，出现连锁反应，带来其他问题。正确表达自我感受，只说自己的感受而不是一味地指责别人，就能在保证自己情绪宣泄的同时不对他人造成伤害。否则长期积蓄在体内，必然会影响身心健康，使心理防御机制越来越强，无法进入催眠状态放松自己。

其次，要接纳压力在你的生活中存在，这样心态会更加平和，压迫感也会相应地减少。

催眠是在彻底放松的情况下，聆听内心最真实的话语。无法放松戒备，是很难进入的。此时要接受自己的感受，不要硬逼自己集中注意力，越是排斥无法进入催眠的状态，就越不能得偿所愿。每个人的敏感程度不一样，反应程度不同，个体思想差异，效果也会不同。并不是所有人都能马上进入催眠状态，调整人生的状态。

每天放松5分钟、10分钟或20分钟的时间进行自我催眠。放慢呼吸，闭上眼睛，想象自己喜欢的美好场景，试着排斥心里的焦虑。这样有助于消除紧张感和压力，放松紧绷的精神，缓解工作中的压力，同时进行自我提升。

催眠学的研究成果显示：脑神经系统功能越好的人，或者心理素质越好的人，越能从催眠中受到益处。文化程度高、对催眠了解较多、信任催眠效果的人，也比较容易接受催眠。所以，进入催眠是一种能力，也是需要学习和锻炼的。

暗示设计

杨安催眠：暗示可以从以下几个方面进行设计：环境的营造、催眠师言语动作的引导、从众心理的指引等。

1. 环境信息

人是环境的产物，人的心理是在后天环境中形成的。我们身边熟悉的事物其实都会对心理形成暗示，这种暗示能引起人的身体和心理方面的变化，甚至影响一个人的命运。催眠时，可以通过暗示调整、改变人的心理状态。生活环境中的习俗、观念、人物景象、思维习惯和行为等，都会进入到我们的潜意识中。例如，房子高大，庭院广阔，会使人心情爽朗；房子低矮，会使人感到压抑。通过营造周围的环境，能极大地改变人的心理状态。美国行为主义学派代表人物华生说：给我一打儿童，我可以根据你的需要，把他们培养成绅士、法官或小偷……此话固然有些绝对，但环境对人的影响的确不容小觑。

斯坦福大学心理学家菲利普·齐姆巴多做过一个有趣的实验：他

在大学心理系的地下室里建立了一个模拟监狱，选择心智正常、知识丰富、有着良好社会性的年轻人作为志愿者。他们用一种随机的方式确定自己的角色：扔一块硬币，按正反面决定出一半人当犯人，另一半人当看守。他们需要在这个“监狱”里生活六天。六天后，“监狱”中的情况令心理学家目瞪口呆：在“监狱”中仅仅待了六天的年轻人，不知道什么时候，已经失去了“自我”，被角色所左右了。他们在行为、情感、思维方面都发生了显著变化，人类本性中病态的、丑陋的、恶劣的方面全都显露出来了：“看守”把“犯人”当作最可恶的动物对待，以施加暴力为乐；而“犯人”心中满是对“看守”的憎恨，所想的只是逃跑及生存下来。大多数人已经分不清“自我”和所扮演的角色了。

如果环境没有改变，这些健康的年轻人很可能永远也不会变成他们自己都不认识的自己。如果能将环境的效力用在正面，将收到显著的效果。可见，在催眠的过程中适度运用环境的信息是多么重要。全面营造环境暗示可以这样来做：

首先，做好冲击感觉和知觉的暗示。催眠要在安静简单、光线柔和、温度适宜的房间里进行，让自己以舒适的状态躺好或坐好，这都是为了减少无关的刺激。在自我催眠中，闭上双眼，然后调整呼吸，让自己的呼吸变得均匀而缓慢。

其次，进行角色环境的创建。让自己的身体放松，因为身心是一体的，身体放松就会让心理放松，心理的放松会导致意识下沉，潜意识就上来了。要特别注意放松下巴和肩膀，只要下巴和肩膀能达到完全放松，全身各部位基本就都能放松了。同时，要集中注意力，尽可能地发挥想象力。例如，想象自己像面条或海绵一样放松。想象力可以帮助我们快速改变自己的状态，催眠中要保持放松和专注的状态。

最后，自我期许，直接重建内心的环境。给自己下达指令，也就是言语暗示。在暗示时要注意以下几点：所用词语要有正面信息。比如，不要说“我不会失败的”，而要说“我会成功的”。潜意识分不清真假也没有逻辑，所以指令要非常直观，用词要简洁明了，不要有复杂的修饰语和过长的句子。一旦确定了就要反复使用，不能随便更改。在一段时间内，只能下达一个主题的指令，主题不宜多。

注意在整个催眠的过程中呼吸的频率都要保持一致。简单地重复一件事的时候，大脑不再进行复杂的思维，大脑皮层受到抑制。这时候意识下沉，潜意识上浮，就能更有效地进入催眠，潜意识可以比清醒的时候更容易接受言语暗示。

2. 暗示者特征设计

从广义的催眠上说，因为暗示无处不在，因此我们每个人在生活中既是暗示者又是被暗示者。例如，在根据广告购买某产品的时候，我们是被暗示者；当鼓励别人“你可以做好”的时候，我们是暗示者。从狭义的催眠上说，在他人催眠中，暗示者是催眠师；在自我催眠中，暗示者就是被催眠者。催眠的成功与否与暗示者传递出来的个人信息有很大关系。

催眠师的言语、手势、表情、动作等需要准确、充满自信、成熟而稳重。此外，暗示者的性别、年龄、知识、地位、权力、威信、对信息的信心等，都会影响受暗示者的态度和行动。例如，暗示者的地位和威信越高，暗示的效果也就越大。例如，一位年长的成名医生和一位年轻的普通医生为病人做诊断，病人对前者的信任程度肯定大于后者，也就是说，前者对病人的暗示作用大于后者。对于催眠师而言，年龄、性别等固然不可改变，经验和权威也不可一蹴而就，然而可以在专业程度上不断提高自身，用真诚和技巧打动他人，获得来访者的信任，让来访者对自己充满期待，这都是实施高质量的催眠必备的因素。能够证明催眠者权威性的证书有：国家一级心理催眠师、美国 SNLP 协会认证之高级 NLP 执行师、美国 NGH 催眠协会认证高级催眠导师、美国 ABH 催眠协会认证高级催眠导师、国际 IAEH 催眠协会认证等。

如果暗示信息来源于群体，那么，这个群体的规模、性质以及它与受暗示者的关系等，也会给受暗示者以不同影响。

由于催眠师的职责是帮助别人解决生理、心理上的各种困扰，所以催眠过程不是催眠师单方面在操控，而是要得到被催眠者的配合。暗示作用的大小和信任度有关。如果来访者对催眠师非常信任甚至崇拜，那么催眠师发出的暗示也容易被来访者接受。全然地接受暗示后，来访者就好像获得了某种安全感或保证，有利于心境的好转与康复。

给两组感冒病人药品，告诉他们这是治疗感冒的新药，经过测试很有效，事实上给第一组病人的是真的药品，而给第二组病人的只是做成药片形状的淀粉，可是两组病人却都很快康复了，而且速度一样快，这就是安慰剂效应，因为病人相信给他们的药物能很快治好他们的病，很信任这种药物。其实真正治好他们的不是药物，而是对他们的暗示。

只有在互相信任的基础上，才能完成预期的效果。因此，好的催眠师需要具有亲和力。催眠师是非常可敬的助人者，同时也往往被视作最亲近的朋友。因此，除了专业的知识，在催眠之前交流的时候，催眠师穿着舒适的常服即可，要对来访者有极大的耐心，和蔼可亲。这样才能取得来访者的信任，让其放松警惕性，在之后的催眠过程中轻松进入催眠的状态。

在行业兴起的初期，催眠师的主要任务是帮助患者进行心理治疗。这类被催眠者大多需要深入了解、分析引导、心境转换等过程，对催眠师的专业性有较高的要求，一般要有心理学基础、教育学基础和医学基础。随着时代的发展，催眠领域发展出了一块新兴任务——帮助普通人解决问题。例如，解决学生的考试综合征、记忆力不佳问题，白领的亚健康问题，胎教问题，运动员提高成绩问题等。这类催眠师相对来说要求比较低，不需要具备深厚的心理知识和医学知识。

3. 从众心理引导

从众心理是指个体在社会群体的无形压力下，在自己的知觉、判断、认识上表现出符合于公众舆论或多数人的行为方式，通俗地说就是“随大流”。学者阿希曾进行过从众心理实验，在测试人群中，仅有 1/4 ~ 1/3 的被试者没有发生过从众行为。该实验表明只有很少的人能保持独立性，所以从众心理是大部分个体普遍所有的心理现象。即使人们在遇到一种情况时没有从众，并不代表在遇到另一种情况时也不会从众，人不可能永远不从众。不过，从众没有好坏之分，在什么情况下会选择从众，和人的固有观念有关。

从众一种非常常见的、普遍的大众心理，因此也是催眠的一个重要手法。为人所熟知的舞台催眠，就是利用了舞台观众的从众潜意识。从众心理有两个重要因素：错觉与微表情。举一个很简单的例子来说，当你看到别的女孩穿白色连衣裙好看，便会错误地认为自己穿起来也很好看，自己也想穿白色连衣裙；当人们看到某位明星在电视上推荐某种化妆品时，便会有自己用了也能年轻美丽的错觉，自己也想买来用；看到别人打哈欠时，自己也会不自觉地打哈欠。

催眠的主要效果就是深入人的潜意识，改变人的某种观点，进而引发意识层面和行为的改变。所以，催眠在广告中被广泛使用，潜意识广告是最为直接的催眠广告。

所谓潜意识广告，就是一种利用暗示的广告方式。它以微弱的、不引起知觉的刺激作用于潜意识，进而影响人的购买动机与购买行为。潜意识广告最早出现在 20 世纪 50 年代的美国，当时在商界、广告界引发了一场极大震撼。潜意识广告首次登场是在1957年9月，以研究购买动机而闻名的心理学者J. 米迦里推出了一系列潜意识广告，广告词是“请喝可口可乐”以及“请吃爆米花”。

这些潜意识广告就是利用人们的从众心理，从而达到自己的商品炒热的目的。生活中人们遇到一些奇特的事情，就会竞相宣传、渲染、议论，进一步推动了事情的传播，就会有越来越多的人参与到其中。反过来说，也有人利用这种现象人为地制造一些舆论，以引起大众的跟风，这就是所谓的“炒作”。广告宣传、新闻媒介报道本属平常之事，但有从众心理的人常会跟着“凑热闹”。

潜意识广告不是美国人独创的，其实中国古人就有这种智慧。

诸葛亮在隆中隐居时，就已经名声在外。无论是大儒名流，还是当地的乡绅妇孺，都熟悉诸葛亮的大名，更有“卧龙凤雏”这样的词语来推崇诸葛亮和庞统。在几位名士的推荐下，刘备对诸葛亮的才能深信不疑，屈尊降贵，三顾茅庐请“卧龙”出山相助。从此，27岁的诸葛亮彻底征服了刘备及刘备集团的所有成员。由于深得刘备的信任，他一上任就手握重权。之后，凭借超凡的才能和人格魅力，掌握了刘备集团的军事指挥权，一直到他病逝。

可以说，这是中国历史上一次最大规模的、最成功的个人炒作；同时也是一则堪称典范的运用从众心理推销自己的案例。既然从众心理在生活中随处可见，利用从众心理来达到推广目的就成了一种最为有效的方式。

销售也是利用从众心理进行活动。当今世界是一个商业社会，商品的同质化趋向越来越明显，几乎没有一家产品能在性能上或者价格上独占鳌头，因此，公司的销售策略、营销人员的推销水平，几乎成了企业成败的关键。销售也经常利用群众的从众心理来卖出产品。许多公司非常注重对销售人员进行心理知识的培训，研究销售中的催眠技术。对消费者心理的征服是营销工作的主要目标。难怪日本一位商界资深人士说："商战的战场其实是在消费者的心里。"

4. 受体分析

前文中讲到，催眠是否能够顺利进行，主要取决于两个方面，一是催眠师的素质和技能要高，二是被催眠者要容易被催眠。催眠感受性是指一个人被催眠的容易程度，它是可以用一定的方法测试的。测试时，催眠师会用错误的信息暗示被催眠者，看他是接受催眠师的错误信息还是坚持自己的感觉。不相信催眠师的暗示，则感受性较低。被催眠者如果受暗示性较强，加之对催眠术持信任态度，催眠成功的可能性就大。测试感受性高低的方法很多，下面介绍几种常见的方法。

（1）巴布尔暗示：11 项暗示，每次暗示成功得 1 分，总分为 8 分，得分超过 4 分以上者表示催眠可获得成功。

①手臂下落：右手平伸，暗示其越来越沉，沉得往下落。30 秒后，下沉 4 英寸（约十厘米）或更低，得一分。

②手臂上飘：左手平伸，暗示其越来越轻，轻得向上飘。30 秒后，上飘 4 英寸（约十厘米）或更高，得一分。

③两手分不开：先撒开两手，然后两手交叉，紧握置于下腹部，暗示其两手被粘住了，不能分开，反复暗示 45 秒钟，5 秒钟后分不开手给 0. 5 分，15 秒钟后分不开手给 1 分。

④口渴幻觉：暗示"你太渴了"，被试者有明显的吞咽动作，嘴动，润湿口唇，给 0. 5 分，测试结束后仍然感到口渴，再加 0. 5 分。

⑤失语：暗示"你喉咙、嘴巴动不了了，说不出话来了"。持续 45 秒钟，5 秒后说不出话，给 0. 5 分，15 秒后仍说不出话，给 1 分。

⑥身体不能动：暗示"你身体发沉，僵硬，不能站立"。持续 45 秒，5 秒后不能站立，给 0. 5 分，15 秒后仍不能站立，给 1 分。

⑦“催眠后”反应：告诉测试者“测试结束后当我响起‘咔嗒’声，你会不由自主地咳嗽”，测试结束后，发出“咔嗒”声，测试者咳嗽或喉部运动，给1分。

⑧选择性遗忘：告诉测试者“测试结束后你记不起第二项测试，只有当我说你现在想起来了，你才能想起来第二项测试的内容”，测试者想不起来，给1分。

（2）布尔评定：选择一两项就可以了。

①后倒法：告诉测试者，要进行神经特点方面实验。让测试者背向催眠师，两脚并拢而立，双手自然下垂，催眠师用手掌心轻轻平贴于测试者后背，低声说：“现在开始慢慢向后拉你，已经开始拉了！你开始向后倒了！已经开始倒了……”但实际只是把手后移，如果测试者向后倒，表明有足够的暗示性注意力。

②前倾法：站立姿势同前，令测试者盯着催眠师的眼睛，催眠师的目光集中固定于测试者鼻梁上，伸出双手，掌心向内，放到测试者太阳穴附近，并轻微接触，暗示说：“现在当我的手拿开时，你会跟着我向前倒。”

③勾手法：让测试者双手勾在一起，催眠师把自己的手包在测试者双手之外，给予轻微按摩，催眠师的目光固定于测试者的鼻梁，并要求测试者凝视催眠师的眼睛，暗示说：“你的手麻木了……两手握得很紧了……你已经不能把你的双手分开了！你用力试试看，你的双手不能分开了！”

④试管法：给测试者三个盛有清水的试管，告诉说要测验一下嗅觉的灵敏度，暗示说：“闻一下，哪个是汽油，哪个是酒精，哪个是清水？”如果闻到了汽油或酒精，则暗示性较强。

⑤摆锤法：用一根结实的线，一端系上一个小铁球，让测试者伸出一只手提着另一端，催眠师用一块木制的马蹄形“磁铁”围绕小铁球运动，并暗示说：“小铁球会跟着磁铁摆动起来……”

5. 特殊安排

催眠虽然有着不可思议的奇异功效，但它是凭借对心理的做工产生效应的，因此催眠首先要做到全神贯注。如果一静下来便会胡思乱想，是不能专心致志地催眠的，此时就需要做一些能够集中精神的训练。精神集中的训练是训练催眠者精神集中和意志坚定的方法。

第一，用自然的姿势坐在椅子上。全身放松，双脚自然下垂，双手轻握，左拳放在左腿上，右拳放在右腿上。头部不要歪，鼻尖与肚脐成垂直线。座椅的高低要适中，坐时大腿和小腿成直角。练习前要摘掉眼镜、手表、金属饰品等，衣着宽松舒适，不要过饥或过饱。练习的地点应安静，避免受到干扰。

第二，座椅放在距离墙约 3 米的地方。事先在墙上画一个小黑点，黑点的高度与视线成水平线，在两眼视线的中间。双眼注视小黑点，注视时，不用有意地睁大双眼，不要东张西望，要集中注意力。

第三，用腹式呼吸法进行呼吸。吸气时，慢慢地深深地吸入空气直至小腹；呼气时，从口中慢慢呼出浊气，直到小腹平复回入为止。呼吸时配合默数数字。吸气时心中默念："我的精神集中起来了。"呼出第一口气时，口中报数："1。"呼出第二口气时，口中报数："2。"吸气时默念，呼气时报数。如此顺序而下。一呼一吸时间约 1 分钟。默数时数字要准确，如有报错，应重新开始，从 1 数起。

第四，每次练习时要连续呼吸 50 次，早起后和临睡前各练一次，即每天练习 100 次。连续练习 30 天。练习时不要急于求成，要顺其自然。刚开始练习时难免有杂念，坚持练习，便会在不知不觉中长时间地集中注意力。练习过程不可间断。如果有悲伤烦恼等影响情绪的事，可待情绪平复后再重新开始练习。重新练习仍需要一个月的时间。

第五，练习完成后，应稍坐 10 分钟再起身。然后做柔软体操，体操动作可自行拟定。练习一个月后，休息两三天，再开始为期一个月的练习，巩固成果。

催眠与暗示的关系

杨安催眠：在催眠状态下，暗示的内容进入潜意识领域更具有强大而持久的威力，能够改变身体的感觉、意识和行为。

催眠暗示在人类的生活中具有很大的作用。当人在清醒状态下暗示虽也有作用，但在催眠状态下，暗示的内容进入潜意识领域更具有强大而持久的威力。在催眠状态下的暗示，不仅能够改变身体的感觉、意识和行为，而且还可以影响内脏器官的功能。

因此，在催眠状态下，根据强化的原则，自己不断地强化积极性情感、良好的感觉以及正确的观念等，使其在意识和潜意识中印记、储存和浓缩，在脑中占据优势。

催眠就是通过暗示，和自己内在的潜意识对话。暗示的方法很多，最简单的方法是向对方说一些含蓄或影射的话，使对方不假思索、信以为真，从而达到“梦想成真”的效果。生活中不难看到这样的例子：医生用乐观的态度、亲切的声音对病人说，根据检查结果你的病我们最常见，治疗效果都很好。病人会接受这种暗示，治疗取得了很好的效果；得了癌症的患者，积极配合治疗，保持乐观的心态，放下恐惧，终于战胜了癌症；一个本来内向、自卑的孩子在良师的引导下勇于面对自己的缺陷和感受，不断挑战自己，获得了超越自我的成就。

心理学家马尔兹说：“我们的神经系统是很‘蠢’的，你用肉眼看到一件喜悦的事，它会做出喜悦的反应；看到忧愁的事，它会做出忧愁的反应。”所以，我们输入什么样的暗示，就能收获什么样的催眠效果。比如，输入“我生活的每一天，都会越来越好”、“我的心情很愉快”等简洁有力的语言，生活就会发生变化。

生活中有很多用积极的指令暗示自己，让潜意识深信不疑，从而催眠成功的案例。

钢铁大王安德鲁·卡内基每天都会把自己的目标念很多遍，他的目标是：“我要成为百万富翁。”在日复一日的自言自语中，他果然成了百万富翁。其实并不是念出来就会成功，而是念久了，这样的观念已经输入到他的潜意识里，他潜意识中根深蒂固的想法就是：要成为百万富翁，所以潜意识会控制他的行动，去做很多让他成功致富的事情。

卡内基没有与别人攀比，也没有停留在空想的阶段，而是通过不断地暗示自己成为内心中最好的、永远向上的，最后真的通向了成功之旅。同时，还要排除他人对你的消极暗示。在心理暗示中，永远记住，只有你才是你生命的主宰，只要你永远对自己充满信心，任何人都不能改变你。

雅典人德摩斯梯尼天生口吃，嗓音微弱，还有耸肩的坏习惯，几乎完全不符合声音洪亮、姿势优美、富有辩才的演说家标准。然而他想成为一名演说家。开始的时候，因为发音不清、论证无力，多次被赶下讲坛。为此，他刻苦读书学习。据说，他抄写了《伯罗奔尼撒战争史》8遍；虚心向著名的演员请教发音的方法；把小石子含在嘴里朗读，迎着大风和波涛讲话；为了改掉气短的毛病，他一边在陡峭的山路上攀登，一边不停地吟诗；他在家里装了一面大镜子，每天起早贪黑地对着镜子练习演说。后来，他终于成为了古希腊著名的演说家。直到他去世，都没有停止日复一日的练习。

美国心理学家威廉斯说：“无论什么见解、计划、目的，只要以强烈的信念和期待进行多次反复的思考，那它必然会置于潜意识中，成为积极行动的源泉。”在关键的时刻，给自己什么样的暗示至关重要。在小时、弱时、败时，如果等待命运的安排，沉浸于自己遭受的不公、压抑、痛苦、悲伤之中，则无异于将自己封在了既有的遭遇里。在电影中常常看到这样的场面：灾难发生时，最恐慌的人往往最快遭到厄运；而淡定的人，常能带领大家逃离险境，最快解决问题。他们善于告诉自己的潜意识：总会有办法的。俗语道：人生不如意事十有八九，在逆境中、在困顿中，能否通过暗示将自己催眠，对能否最终脱离困境将有很大影响。

心理暗示的作用是巨大的，不但能影响人的心理与行为，还能影响到人体的生理机能。因此，消极的暗示能扰乱人的心理、行为以及人体的生理机能。

刚刚学骑自行车的人骑车上街，心里特别紧张，怕撞到别人，心里默念“别撞上，别撞上”，可结果却偏偏撞上。参加重大考试，告诉自己“别紧张，别紧张”，可往往脑中一片空白……这其实都是心理暗示的原因，告诉自己“别撞上、别紧张”的潜台词就是“我一定会撞上、我一定会紧张”，是自己在给自己消极的心理暗示。

而积极的暗示能起到增进和改善的作用。“望梅止渴”的故事就是暗示鼓舞人心的最好例子。

> 曹操在行军途中很久都没有找到水源，士兵们口干舌燥，一个个无精打采，都不想前进了。于是曹操叫手下传话给士兵们说：“前面就有一大片梅林，结了许多梅子，又甜又酸，可以用来解渴。”士兵们听后，由于条件反射嘴里流口水，一时也就不渴了，能够继续前进，终于走到了有水的地方。

在动画《功夫熊猫》中，小镇居民都觉得熊猫爸爸做的面条很好吃，熊猫爸爸也常常说自己的汤料有独特的配方。有一天，熊猫爸爸对熊猫说了实话：秘方就是没有秘方，只要你相信它是最好的。暗示能起到镇定、提醒、鼓舞的作用，让记忆力等其他能力得以稳定发挥，提供前进的动力。当你对自己接受的暗示深信不疑，也就等于将自身和周围所有的能量都催眠了，相应的关系也会围绕你输入的信念去发生，结果自然是你想得到的。

催眠暗示不可违背人的本性

杨安催眠：暗示必须传输正向的能量，违背人性的催眠暗示有着毁灭性的效果。

催眠拥有神奇而显著的力量，它固然可以让我们从中获得益处，若使用不当，就会对自己或他人造成恶劣的影响。

澳大利亚的土著人中流传着一个神秘的杀人方法，即“骨指术”。达尔文医院曾经接收过一位病人，其症状是无法吞咽，不能进食和喝水。奇怪的是，医生给他做了各种检查，却查不出任何病因。医生正要进一步了解其病情时，患者本人却绝望地放弃了治疗，他说自己已被指过，肯定活不成了。

原来，这名叫吴鲁穆的患者是澳大利亚的美利族人，曾犯了族规，他为了免遭审判而远走他乡，于是族中杀手便对他执行了“骨指术”，即他口中所说的“已被人指过”。施行者用人骨和头发制成所谓的“杀人骨”，据说这种工具拥有超自然的力量。施行者并不需要与受害人直接接触，只要向对方施行过骨指的仪式，受害人便会犹如长矛刺心。在传说中，这种杀人方法可以不留任何痕迹，而且永不失手。果然，吴鲁穆在进入医院的第 5 天死去。

巫术其实也是一种催眠术。一根骨头就真能置人于死地吗？专家认为，“骨指术”应该是一种靠暗示力量杀人的方法，重要的是被施以巫术者必须绝对相信它的法力。“杀人骨是惩罚破坏族规者的秘密武器”，土著人对此深信不疑才能达到效果。如果从科学上分析受害人致死的原因，是因为其心理上极端恐惧而产生了一系列不良的反应：如肾上腺激素增加、血流量减少、血压降低等，从而造成喉咙失声、口吐白沫、全身发抖、肌肉抽搐、无法进食等症状，最后导致死亡。乍听起来，这似乎不可思议，难道仅仅是相信了死亡暗示，就真的导致脏器衰竭引发死亡吗？其实所有的能量来自于我们的内心，既然有顽强的生的力量，也就有顽固的死的力量。它从一个反面印证了催眠暗示的巨大能量，违背人性的催眠暗示有着毁灭性的效果。

心理学中有一个实验。以一死囚犯为样本，对他说：“我们执行死刑的方式是使你放血而死，这是你死前对人类做的一点有益的事情。”这位犯人表示愿意这样做。实验在手术室里进行，在一个死刑执行室里犯人躺在床上，一只手伸到隔壁的一个房间。他听到隔壁的护士与医生在忙碌着，好像是在搬动器械准备对他放血。他听见护士问医生：“放血瓶准备5个够吗？”医生回答：“不够，这个人块头大，要准备7个。”护士在他的手臂上用刀尖点一下，算是开始放血。接着，死刑犯听到血滴进器皿的“嗒嗒”声。其实，医生并没有对他放血，而是在他手臂上方用一根细管子放水，水顺着犯人的手臂一滴一滴地滴进瓶子里。犯人只觉得自己的血在一滴一滴地流出。滴了3瓶，他已经休克，滴了5瓶他已经死亡，死亡的症状与因放血而死一样。

和上面的例子一样，导致犯人死亡的原因并不是滴血，而是放血的暗示：耳听血滴之声，想着血液行将流尽，感到自己正在一步步走向死亡。这种对死亡的恐惧，瞬间导致肾上腺素急剧分泌，心血管功能发生障碍，心功能衰竭。对于习俗和他人的暗示深信不疑，固然能给人带来灾难，对自己说的暗示有相同的效果。也许人们会有这样的疑问：怎么会有人给自己这样暗示？让人不可思议的是，在特殊的环境下，人们的确会自己给自己死亡暗示。这同样会导致灾难性的后果。

我们都知道，治疗牙齿的时候如果方法不当可能引发心脏病，严重的会致人死亡。英国著名网球明星吉姆·吉尔伯特小的时候跟着妈妈去看牙医，她以为一会儿就可以跟妈妈回家了。没想到她看到了终生难忘的一幕：妈妈竟然死在了牙科的手术椅上！这个童年的阴影一直跟随了她40年。孩子遇到这种遭遇的确很难自己处理情绪，可惜的是，她从没想过去看心理医生。然后这种将牙齿治疗和死亡联系起来的暗示在她心中越积越大，以至于即使是牙痛的时候她也不敢看牙医。后来，因为牙痛实在太厉害，在家人的极力相劝之下，才把牙医请到家里给她诊治。谁知，当医生在一旁整理器械准备手术的时候，却发现吉姆已经断了气。

就这样，著名网球明星被40年前的一个念头杀死了。这看似荒谬的事情真的发生了。其实这也很容易理解，因为创伤产生的暗示带来的恶劣后果不计其数。尤其是她当时还是个孩子，悲痛之余，更无法对自己经历的事情有客观的认识。“看牙医会死亡”这种观点在她脑中根深蒂固，使她患上了“创伤后压力心理障碍症”，一想到看牙医，就会觉得自己会死亡。这种投射不断在头脑中反复，不断地得到强化，后来，这一幕真的发生了。

生活中的常识也会让我们陷入可怕的催眠中。苏联曾经报道过这样的事例：一个人怀疑被困在了冷藏车里。第二天早上，人们发现他被冻死在车里，身上的各种症状和被冻死的人一模一样。可是人们却发现了一个令人费解的事：车上的冷藏设备其实并没有打开，车中的温度和外面差不多。他被自己“要被冻死”的这个催眠暗示冻死了。在美国也发生过类似的事情：一个电气工人，在一个有高压电设备的工作台上工作，他采用了各种必要的安全措施来保障安全。可是他的心中还是万分恐惧死亡。无意中，他踩到了一根高压电，立刻倒地而死。但是在事故处理的时候人们发现：在那个工人触电的时候，电线其实没有通电。他是被“触高压电必死无疑”这种常识性的观念杀死的，也就是说“自己把自己吓死了”。人的本性中有对死亡的恐惧，有对常识的信任，有对经历过的事情的深刻体验，这种深藏的意念一旦被触发，将产生严重后果。潜意识能在瞬间控制机体的反应，却是不受意识控制的。因此，事实上，想要突破这种自己对自己的催眠暗示是很困难的。而且很多时候，在事情发生的一瞬间，我们根本意识不到被自己催眠了，我们只是认为：这必然会发生。俗话说，“解铃还须系铃人”，想要避免本性中的悲剧性，就需要我们进入催眠状态，深入自己的潜意识之中，和自己对话，从无意识的反应中脱离出来。

自我催眠就是给自己正面的暗示

杨安催眠：催眠能够放大我们心中信仰的力量，你信仰什么，就能得到什么。因此，催眠时需要输入正面的暗示。

给自己正面的暗示，就是在向潜意识输送积极的信息。这种信息接收的次数多了，就会在潜意识中扎根，产生积极的心态，实现自我催眠。正面的暗示能让人获得自信、学会坚强、保持快乐、调动出前所未有的能力。经常给自己积极的暗示，在生活中就能保持生龙活虎的进取状态，用乐观的态度应对一切事情，焕发出生命的活力，向“心想事成”这个目标迈进。100 年前，拿破仑·希尔说：“一个人能否成功，关键在于他的心态。成功人士与失败者的差别在于成功人士有积极的心态。”这句名言道出了正面暗示的重要性。

正面的暗示能让潜意识进入“自动导航系统”。

暗示的内容会自动控制人行动的方向，让人勇往直前，奔向成功。只有给自己正面的暗示，才能让暗示产生的无限效能对我们有正向的推动作用。暗示在竞争中能让人爆发出出人意料的能量，甚至是颠覆性的力量。暗示是让局势在大和小、强和弱、胜和败之间互换的因素之一。

“楚汉相争”时期，西楚霸王项羽拥兵数十万；而刘邦虽然占据关中，实力却远不及项羽。在“鸿门宴”之后，刘邦更是被项羽封了个“汉王”后赶到了巴蜀汉中。然而，刘邦并未从此心灰意冷，靠着“明修栈道，暗度陈仓”的办法，出汉中，夺关中。就在形势看似一片大好的时候，睢水一战中，又被项羽打了个丢盔弃甲，连自己的妻子和老父亲都被项羽俘虏了。刘邦面对如此困境，依然给自己正面的回应，继续联络部下，重整旗鼓招兵买马，伺机而动。

一次两军对阵，刘邦胸口被箭射伤，他却故意大呼：“贼人射中我的脚趾。”然后打起精神巡视三军，暗示自己安然无恙，以稳定军心。四年之后，羽翼丰满的刘邦在垓下之战中将项羽重重包围，并让士兵们高唱敌军家乡楚地的歌曲，让士兵思乡心切，无心恋战。就在“四面楚歌”之中，失败的项羽自感“无颜面对江东父老”，在负面的暗示中，自刎而死。从此，历史上一个新的王朝拉开了帷幕。

竞争是生活中的常态，要想获得成功和胜利，正面的暗示，即“信念”是不可或缺的。第二次世界大战期间，德国的飞机大炮对英伦三岛狂轰滥炸，几乎将伦敦夷为平地。在这样的形势下，英国首相丘吉尔没有接受希特勒的诱降，反而积极促成英国和美国、俄罗斯的联盟。战后，丘吉尔在牛津大学的演讲中，慷慨激昂地陈词：“总结一生，我送你们三句话：第一是，决不放弃；第二是，决不、决不放弃；第三是，决不、决不、决不放弃!”

在正面暗示的支撑下，任何艰难险阻都不能阻止你的脚步，挫折痛苦也无法让你退缩。所有的奋进和拼搏是发自你的意愿，丝毫没有被迫感，因为你想这样做。压力和风险不会让你产生恐惧，劳累和辛苦也不会让你感到愁烦。

因为你已经被正面的信息所笼罩，你认为自己能战胜困境，能解决难题，能成为成功者。你将能够驾驭自己的人生，就如同驾驶着一辆自行车一样轻松自如。

此外，积极的暗示还会产生一种神奇的力量。

国外有一位化学家，叫约瑟夫·墨菲，他患了皮肤癌，试过了各种方法都不见效，反而越来越严重。后来，他每天祈祷两三次，每次大约5分钟，3个月后居然痊愈了！大病一场的化学家经过了这次磨难，对生命中的奇迹有了全新的认识，他改行开始研究潜意识问题。后来，他写了一本书——《潜意识的奥秘与力量》，据说这本书改变了数百万人的命运。

化学家的病就是在反复的正面暗示中得到改善的。多次暗示使潜意识接收了“痊愈”的信号，本来带着病灶的身体被这种假象催眠了，疾病真的痊愈了。正面的心理暗示能让暗示“成为事实”。

一名女大学生在圣诞之夜，看中了一款皮包。可是当她看到皮包的价格，不由得暗想：“这么昂贵的皮包，我可买不起。”不过她马上就意识到自己错了，于是重新告诉自己：“千万不能让负面的想法变成现实，一定要开始正面的想法，让奇迹在你的生命中发生。”

她看着橱窗后面的商品，开始对自己说：“那个包是属于我的，我在精神上接受了它，我的潜意识已经看到了我获得它的那一幕。”

没想到的是，就在当天晚上，她的未婚夫送给她一个精美的礼物，打开包装，竟然就是那款让她心仪的包。她说：我现在已经知道应该怎样去寻找财富了：一切财富其实早就藏在我的内心，我现在只需要把它们挖出来就好。

宇宙中有一些非常奇妙的定律，其中最奇妙的就是“相信定律”。因为人的潜意识分不清楚事情是真是假，通过不断重复的想象，只要相信它，终究会成为事实。一定要相信，潜意识无与伦比的力量一定存在。

重复自己的想象，是训练潜意识的必经之路。潜意识分不清真假，只要你不断重复想象并相信它，事情都可能变为真实；潜意识也从不睡觉，只要在睡觉前对你的潜意识说某一件事情能够完成，你就可以发现，正面的暗示可以创造很多的奇迹。

每天睡前，不断地把目标视觉化，看着自己的目标并且自我确认。同时放松心情和身体，进入一种昏睡的状态，将心灵的活动力降到最低，然后开始像放电影一样，放映“我”最渴望得到的结果，不断感觉到它是那么真实，甚至为它欢喜。然后，“我”会感谢之后再就寝。每天都像第一次做一样，直到我感到满意才入睡。

一开始的时候别紧张。我们要把大脑看成是自己一个亲密无间的朋友。每天就像问候你身边的朋友一样向它问候。每当遇到难题或内心需要倾诉时，不要忘了和这个最忠诚的朋友对话，与它进行交流，和它一起去商量、解决问题。

由被引导，到自我引导

杨安催眠：自我催眠是一种便捷的方式。催眠爱好者可以通过下面介绍的具体方法，练习自我催眠。

催眠既可以由催眠师来为自己做，也可以自己为自己做，也就是“自我催眠”。自我催眠是运用自我暗示方法导入的一种类似睡眠的特殊意境。在这种意境中，你要充分发挥自己的想象力，将自己的暗示指令变成清晰的图像。例如会见亲友、游览风光等。

如果技艺纯熟，自我催眠术不仅可用来克服自卑感、增强记忆力、治疗心身疾病、舒展心情、消除疼痛等，而且还能用来改善生活品质，调整健康状态，管理自己的思维、情绪和行为。自我催眠之所以有这样神奇的力量，是因为它能唤醒人被压抑的心理，从而提高对生理的控制力。

实际上，自我催眠并不是现代人的发明，人们早就学会了对心理进行催眠的技术。人类本身就具有利用自我意识和意象的能力，可以通过自己的思维资源，进行自我强化、自我教育和自我治疗，如祈祷、宗教仪式、印度的瑜伽术、中国的气功术等都是用不同的方式实施自我催眠的。

自我催眠其实并不十分困难。如果能请一位催眠师为你做几次催眠，然后再反复练习，自我引导，进入催眠就易如反掌了。即便没有这个条件，只要按程序练习一段时间，也能很快学会。

催眠最好能在安静的光线较暗的房间中进行。摘下可能会引发约束感和不适的佩戴物，如眼镜、手表、腰带等。以舒适的姿势躺好或坐好，全身放松。调整呼吸，呼吸要均匀而缓慢。具体步骤如下：

第一步，设立完善而细致的目标。这是最重要的一步。

第二步，进行自我引导练习，也是让自己快速进入催眠状态的练习。多加练习后，形成条件反射，就能更快速地进入正式催眠。

这种练习最好能每天进行两次，一次在上午或下午，一次在晚上六点到八点之间；每次两三分钟，之后唤醒自己。自我引导练习的引导语并不是固定的，每个人可以根据自己的喜好选择其中的一种或几种，或者自己编写。

方式 1："我的右腕很沉重，像铅一样沉重。右腕非常沉重，非常沉重……""我的左腕很沉重，像铅一样沉重。我的左腕非重沉重，越来越沉重……""左右两腕像铅一样沉重"。将以上暗示反复进行，从腕到手指，从手指到肩膀都要说到，让这些部位处于一种被动听命的状态。所需时间约 3 分钟。用类似的引导词，可以做让腿部到脚趾舒展的引导，或者眼皮的放松练习，也要大概 3 分钟的时间，使身体保持松弛状态。

方式 2：采取深腹式呼吸法，仰卧在睡椅或床上，两手放于肚脐处。想象自身坐在阳光明媚的公园里，或者是夏日海滨的沙滩上。自我暗示以下几句话："太阳照在我的肚子上，暖洋洋的，暖洋洋的……我的腹部很温暖，很温暖……整个腹部非常温暖。我的腹部非常温暖，非常轻松，非常舒适……"。以上暗示反复进行 3 次。当腹部确实有一种充实的温暖感后，可以结束练习，给自己唤醒的暗示 3 次：" 一切正常。"然后睁开眼睛，苏醒。

方式 3：想象自己浮在温暖的水面上，两只手上系着气球。心中默念引导语："我的左手在温暖的水中浮起，慢慢地浮起……"以上的浮动感逐渐变成无重力状态，两手从肘、腕起至肩膀，渐渐上升，在水的浮力和气球的牵引下，两手臂在胸前缓缓舒展，伸直。接着进一步想象，在腰腹部和两个脚踝处，都系上了大气球，由于它们的引力，整个身体飘然欲仙，快要腾空而起。引导语是："我的身体慢慢变轻、变轻，向空中飘起来、飘起来……"将想象力集中在气球上。每种暗示要反复 3 次。

结束练习时，要给自己唤醒暗示。用左手或右手象征性地"解开"另一只手、腰腹部及两脚踝上的气球，使全身恢复活动状态，自我暗示 3 次："一切正常。"睁开眼睛，拍打按摩全身一遍。

第三步，以上练习达到熟练程度后，就说明条件反射已经形成，能很容易进入催眠状态了。这时，就可以利用催眠进行自我暗示，或想象目标达成后的成功景象。自我暗示需要的是正面的内心反应。利用设定的目标来创造成功的景象，形成暗示指令。

如果给自己的暗示是简短的、明确的指令，最好将引导语重复10次。其间，可以用弯曲手指的方法避免重复暗示时睡着，即说一遍引导语，弯曲一根手指。

如果是为了解决生活中的压力大、情绪低落等负面情绪，发挥潜在能力，可以进行以下想象：在眼前和四周有一片云雾，在云雾的上空是太阳。云雾代表着障碍、压力和困难，太阳代表着成功、创造和智慧的光芒。太阳开始的时候离得较远，朦朦胧胧的，随着想象的进行，心境的改变，云雾逐渐消散，太阳变得明亮起来，放射出自由、幸福的光芒。

构想好情境之后，自我引导语如下：“云雾在身体周围缭绕，这些云雾对我的生活、学习等构成了障碍……它代表不满、失败、压力、挫折，它影响了我的生活，它让我感到困惑、不快乐。现在，云雾的缝隙里，出现了太阳……阳光逐渐明亮，它代表成功、创造和智慧，阳光渐渐穿过云雾，越来越明亮……云雾开始消散，我肩上感到轻松……太阳照射着云雾，云雾一点点消散、消散……只剩一轮红日。太阳的光照在身上，暖洋洋的，暖洋洋的。我觉得浑身轻松，阳光将我包围，阳光照射进我的大脑中，此时大脑中一片光明，充满了光明……阳光完全笼罩了我的身体，我的身体充满了光明，甚至在发光……”以上训练时间需要15～20分钟，经常练习，可增强记忆力和精力，使自己具备创造性，情感充沛，开发大脑机能。

第四步，回到“平常”的有意识的状态，即清醒的状态。自我唤醒的引导语也可以是多种多样的。例如：“我数二十下，就醒来。一、二……

二十，睁开眼睛，苏醒，一切正常。”

第五步，催眠并不是为了让人永远沉浸在催眠中，而是为了在现实生活中有更顺利的发展。在现实生活中，要用实际行动来加强催眠的引导指示。你的未来取决于你现在的行动，要按照最终的目标制定每天都可以执行的细致的目标，不断操练与目标相配合的思想与行为，慢慢地由内而外、身心合一地去完成任务。

第三章 催眠状态下的现象

在催眠中我们究竟是什么状态？能看到怎样神奇的世界？这个潜意识的世界又是怎样对我们的内心做工的？为什么很多现实的世界中出现的问题，能在潜意识的世界中得到解决？让我们一起揭开潜意识的神奇效能背后的秘密。

催眠状态下的幻觉

杨安催眠：催眠是和自己的潜意识对话的过程，在催眠状态下人会出现幻觉，能看到、听到、感受到客观现实中不存在的东西。

在失去意识的状态下，我们会偶尔出现幻觉。除真实的幻觉外，有的时候还伴有瘫痪状态——感觉像被捆绑住或抱住，努力挣扎身体却纹丝不动，即便可稍动一点点（脚趾、手指或小臂），也像被电击一样瞬间无力。此时，我们自己觉得意识是清醒的，如果旁边有人聊天也能听得一清二楚或看得一清二楚，就是想喊却喊不出来，耳边似乎有什么声音在“轰轰”的响，有奇妙的恐惧感、心跳加快等。这些状态，心理学术语称为“睡眠瘫痪”，也就是俗话说的“鬼上身”，在医学上叫“梦魇”。美国人曾就此展开专项调研，结果发现人群中40% ~50%的人都至少曾经历过一次睡眠瘫痪，尤其是躺下几十秒就能睡着的人，也就是说，在失去意识时产生幻觉的现象十分普遍。

催眠是和自己的潜意识对话的过程，在催眠状态下也会出现幻觉。事实上，大多数催眠感受性试验都含有诱导幻觉的暗示。比如前文提到过的，暗示被催眠者无法抬起自己的腿，如果真的抬不起来了，则证明催眠感受性高，容易被催眠。

这种在催眠状态下产生的幻觉叫“催眠性”幻觉，是在暗示的影响下，使被催眠者能看到、听到、感受到客观现实中不存在的东西。

为了满足被催眠者的情感需求，催眠师有的时候要通过暗示，诱导被催眠者出现幻觉。例如，催眠师明明知道被催眠者的母亲早已死亡，但是在让被催眠者进入催眠状态之后，暗示他说：“你错了，你的母亲还活着，她就在这个房间里。瞧，她朝你走过来了，快去见见她吧！”于是被催眠者果真“看见了”自己的亡母，高高兴兴地迎接她，并问长问短，做出的举动就像他真的看见了久别重逢的亲人一样。通过这种方式，被催眠者就能够和母亲“对话”了，借此化解心中的遗憾，满足未能完成的期待。所以，幻觉的出现在催眠中有着积极的作用。

通常来说，在深度催眠状态下，幻觉会出现在被催眠者的各种感觉之中，最常见的是视觉幻觉。例如，当催眠师暗示道：“现在我开始数数，当我数到5的时候，在你面前就出现红的颜色，出现红颜色时，请你举起右手。”被催眠者过一会儿就会举起右手。当然，颜色是由催眠师的主观决定的，可以是红色，也可以是黄色或其他任何颜色。但要注意的是，这种颜色一定是被催眠者平时所熟悉的，如果是他不熟悉的颜色，就可能让他无所适从了。听觉幻觉也很常见，例如，催眠师说：“现在外面在下雨，有淅淅沥沥的声音，你听到了吗?”被催眠者会有肯定的回答。

这种将没有的东西当成有的东西叫作“正性幻觉”；反过来，将有的东西当成没有的东西称作“负性幻觉”。负性幻觉的一个重要应用是减轻疼痛。

“苍蝇幻觉”测试项目是正性幻觉实验。催眠师会暗示被催眠者一只苍蝇正在骚扰他，他需要赶走这只苍蝇。如果被催眠者移动手部或脸部，好像要赶走苍蝇，即该项目通过。即一个鲜明真实的苍蝇幻觉伴随着赶走苍蝇的客观行为，一个自动而非自愿的行为反应。催眠状态下幻觉包括两个部分：一是心理意象（类似视听知觉）；二是相信该心理意象是真实的知觉。有研究表明：催眠深度越深，被试的心理意象越鲜明真实。也有研究者认为：一些被试者只是在催眠状态下假装有幻觉，他们实际知道那些不是真实的。

负性幻觉实验能让被催眠者感受不到平时能够感受得到的、实际存在的一些事物。例如，催眠师暗示被催眠者“你眼前什么也看不见”，被催眠者就会暂时变成瞎子。催眠师暗示“你看不到颜色”，被催眠者就会变成色盲。如果催眠师暗示被催眠者“你什么也听不见”，被催眠者就会暂时变成聋子。但是这种失去知觉又和真的失明或失聪有所不同。在对噪声的肌电反应生理记录中显示他们并未丧失听觉能力。有研究表明，被催眠者在延迟的听觉反应中说话间断无明显变化，可能由于被试者更多地关注自己的内界，所以听不见外在的声音。在这种状态下，被催眠者接收了两种互相矛盾的信息，但又不像在清醒状态下能清晰地判断这是混乱的。

需要强调的是，这些幻觉都是暂时的，当被催眠者从催眠状态中被唤醒的时候，自然这些幻觉也不复存在了。那么，究竟是什么原因，造成了催眠性幻觉呢?

在清醒状态下，来自外界客观事物的刺激通过视觉、听觉、触觉、味觉、嗅觉等感觉器官传导到大脑，使人脑保持着正常的运行状态。如果把外界的刺激人为地排除掉，人的潜意识就会像沉在大海里的冰山一样浮出水面，上升到意识层面。深度催眠状态中的幻觉现象，是暗示诱导的结果。在深度催眠状态下，被催眠者与外界暂时隔离，置身于单调的环境中，脑的活动会衰退，他的大脑只受催眠师的暗示，在催眠师暗示的诱导下，催眠性幻觉就出现了。

催眠状态下出现的反常态逻辑

杨安催眠：在催眠状态下出现的幻觉，有的时候是不合乎逻辑的，甚至无法用理性的知识来解释。虽然我们还不能完全解释催眠中的反常态逻辑，但是我们可以利用这种反常态的逻辑解决催眠中的心理危机。

在所有典型的催眠现象中，最令人感兴趣的现象之一就是催眠逻辑。“催眠逻辑”一词由奥恩最先提出，其基本意思是，已被催眠的人可以同时相信不相容的观点或知觉，而并不知道它们是互不相容的。

奥恩说，如果要被催眠者对椅子作负性想象，也就是说想象椅子已不在原处，那么当要他们睁着眼睛在室内行走时，他们会控制自己不碰到椅子，但他们仍然坚持说看不见椅子。这便是催眠逻辑的一种表现：如果他真的有椅子不在的幻觉，为什么能避开椅子？如果他能看见椅子，为什么坚持说自己看不见？这看起来似乎无法用逻辑解释。

有人解释说，原因之一是我们不能确定催眠者是否真正相信椅子已不在原处；原因之二是椅子尚在原处，但他们已经不能看见它。如果他们相信椅子尚在原处，只是看不见它，那么他们在看不见椅子的时候还能回避它，这也并不是违背逻辑的，因为被催眠者可能还记得椅子的位置。若将椅子移动地方，这种试验就要完善得多。其道理是，在椅子移动之后，如果被催眠者一方面报告看不见椅子，另一方面又回避碰着椅子，就更清楚地说明了其反应的不相容性，因为他们再也不能凭记忆知道椅子的位置。

“双重幻觉”是另一种催眠逻辑现象，其表现是，在催眠师的指导下，被催眠者幻视看见一个物体，而这个物体已在屋里；或者幻视看见一个人，而这个人正在步入室内。这都是双重幻觉催眠逻辑。

不过，心理学家发现，并非所有的实验讲的都是双重幻觉，有不少被催眠者是假装看见了双重幻觉。此外，双重幻觉的不相容性也有疑问。这里要分析一下被催眠者对幻视物体之真实性的相信程度，他们不能认为幻视物体只不过是想象的产物。如果他们真正相信幻视物体是客观存在的，那么看见一个以上的物体便不合乎逻辑。比如，如果被催眠者将幻觉当成真实的，那么，他在幻觉中看到的人，其实正在走进室内，幻觉中的人和真实的人其实是同时存在的两个人。当然，即便是这种情况，也有一些道理可以合理解释双重物体是能够并存的。如果被催眠者知道两个物体中有一个是幻觉，那就无不相容性可言了。因为当被催眠者被告知幻视物体是幻觉时，它便可以消失。

“透明幻觉”是催眠逻辑的又一种表现。所谓透明幻觉就是被催眠者透过幻视物体看见了真正的物体。看见一个被另一物体完全遮掩住的物体，这显然是不合逻辑的。不过，幻觉本身本来就没多少规则可遵循，对大多数被催眠者来说，幻觉的一个性质可能就是被催眠者可以透过它看见对面的物体。

催眠逻辑是一种难以捉摸的现象。虽然不少人报告了它的存在，但是越仔细地分析它，它就越难以把握。其主要原因在于：我们无法确定被催眠者是真正相信看见的物体是真实的，还是认为那是一种幻觉；是真正相信并不存在那个物体，还是认为那是一种负性幻觉。若要否认催眠逻辑现象的存在，也并不困难。然而，催眠逻辑至今仍然是一个有趣的问题，或者说，是催眠领域中谜团最多的一个地方。

虽然我们还不能完全解释催眠中的反常态逻辑，但是我们可以利用这种反常态的逻辑解决催眠中的心理危机。以下是催眠师用反常态的逻辑，引导被催眠者认识到自身问题的过程记录。

有个女大学生来咨询，她觉得自己寝室里的同学都对自己不好。认为自己孤僻、不爱说话，室友都不能理解自己。催眠师看着对方的眼睛语重心长地说：“你一定希望她们都围绕着你、爱护着你。你用你认定的而她们并不知道的你的想法去反应，就是你一直以来的自以为是的反应，只有你知道而别人不知道的一种错觉反应。让自己在这种受到‘伤害’的感觉里停留一小会儿，在这之前你害怕什么呢?”

“小时候，身后同学老用脚踹我，我很害怕。”

“当你现在再次体会这个场景时，你的眼皮会越来越沉重。你可以闭上眼睛听我说话，同时被遗忘已久的那种感觉突然出现在你的脑海里，可能是一种图像的呈现。你的身体有什么样的感觉?”

“好像有人用刀子刺向我的身后。”

“体会你身后的感觉，在这之前，是谁对你这么不爱护?”

“在我上幼儿园的时候，那个老师伤害我，把我一个人留在操场上，只有我一个人站在那里，我就哭了很久，我很害怕。然后我就跑回宿舍，大哭起来。我从来没有一个人离开过家，我害怕外面陌生的世界，总觉得不安全。”

“孩子，你是害怕什么还是留恋什么呢?”

“我从小和爷爷在一起，他非常爱护我，对我非常好，我们几乎每天都在一起，在我心里，似乎只有他是存在的。”

“在你心目中爷爷是什么样的?”

“他非常善良，人非常好。”

“在爷爷的世界里，只有和你在一起才是重要的吗?”

“因为爷爷太软弱，太善良，奶奶总是欺负爷爷，嫌他没本事，太老实。”

“你不觉得你把爷爷的软弱当成善良了吗?”

“难道善良不对吗！善良凭什么就应该被伤害，难道所有的人都不善良就好?”

“软弱的男人当然需要通过老婆做主才能更好地维持家务哦，就像我这样。”

“是，软弱总比不善良好。”

“你正在找活着的爷爷的感觉，你正在感觉活着的感觉。爷爷去世之后，你内心自恋的感觉遭遇了挫败，没有人像他那样爱护你、心疼你，你内心的这种感觉随着爷爷的离去而突然离开你，就如同‘善良’的太阳爷爷离开了天空，只留下‘软弱’的叶子在那摇摆，在风雨中摇摆，感觉那片‘叶子’。闭上眼睛，放松些。”

泪珠像断了线的珠子从被催眠者眼中流了出来："我不能接受爷爷是软弱的，他是善良的。"

"就如同你不能接受自己是软弱的那样，也要坚持自己的善良品质。是的，你是对的，所以软弱是属于爷爷的，善良才是你的。你不需要坚持爷爷的遗愿，因为你本善良。但软弱也是可以存在的，红花还需要绿叶衬。你可以感觉到花儿正在绿叶中生长，而且你感觉到，你后面的花朵并没有真的伤害你，只是你更需要爱，又不懂得回过头如何表达爱而已。你正在分享你的一切。一朵花能够感觉很好，你会感觉很好。你恨不得爷爷之光只照这一朵花，你的注意力全在这里。对，你可以成为自己的光照亮别人，慢慢地照亮自己，因为你并不缺乏爱。一旦照亮自己，就可以创造各种机会与人相处。就算别人没有主动回应你，你依然能够找到自己的光亮，需要照射的地方。"

对时间的歪曲

杨安催眠：在催眠状态下，被催眠者会对时间产生错觉，回到之前的年龄里。此时，无论心智还是感受、行为，都会回到特定的年龄段。我们可以通过这一渠道解决心理问题。

在物理学中，有这样一种理论：在一定条件下，时间是可以被扭曲的。借此，我们能回到过去、未来。从心理学的角度来讲，时间也不是固定不变的。举个很简单的例子，餐馆里，一个捧着一束玫瑰花焦急地等待着女朋友的男孩，一定觉得时间过得好慢；挥汗如雨的考场上，考生觉得时间过得好快，怎么这么快就要交卷了？日子不好过的时候，天天熬着过，觉得"度日如年"；和恋人暂时分离的情侣，觉得"一日不见，如隔三秋"；我们觉得天堂里的生活一定无比安详，大家都过着悠闲而缓慢的生活，不像在人世间人们要劳碌奔波，这就是俗话说的“天上一日，人间千年”。

在催眠状态下，被催眠者对于时间也会产生错觉。比如在年龄回溯中，被催眠者可以在催眠师的引导下回到之前的年龄里。此时，无论心智还是感受、行为，都会回到特定的年龄段，以便解开在那段时间留下的心理坎坷。

在时间歪曲的时候，我们常常能从另一个角度感觉到平时“视而不见”的现象，对人生有新的领悟。因此，在需要脱离现在的时间，回顾过去、展望未来的时候，常常使用到催眠中歪曲时间的技术。其实，在我国的古老的智慧中，就有对时间歪曲的阐述。成语“黄粱一梦”就通过歪曲时空，让卢生参悟了人生的真谛。虽然古人并没有明确催眠这种技术，然而其效能是一致的。

唐开元七年，有个叫吕翁的道士懂得神仙之术，住进了邯郸的一家旅舍之中。因缘巧合，他认识了同样在旅途中的卢生，两人相谈甚欢。

两人谈着谈着，卢生看着自己破烂肮脏的衣服，叹息道：“大丈夫生在世上不得意，困窘成这样啊!”吕翁说：“看您的身体健康，言谈有度，为什么这样哀叹啊?”卢生说：“我现在是苟且偷生啊。人活在这世上，当然应该建功立业，在朝廷中出将入相，在家中堆满了盛装食物的鼎，可以随时享受音乐，让整个家族富裕昌盛，这才是人生之道啊。可是，我虽然正值盛年、精通文艺，却无法得到高官厚禄，只能回家种田，不是困顿吗?”说完，就想要睡觉了。

吕翁从囊中取出一个青瓷枕头给他，说：“您枕着我的枕头睡吧，枕头可以让您实现您的志向。”于是，卢生枕着枕头慢慢进入了梦乡。这时，旅店的店主正在蒸黏米饭。

梦中，他回到了家，娶了清河的名门望族崔氏女，家资日厚。每日穿着华丽的衣服，驾驶华贵的马车。第二年，又考取了进士，从渭南县的县尉做到监察御史，转而做起居舍人知制诰。三年后，出任地方长官，在当地兴修水利。百姓歌功颂德，刻石碑记录。不久又做到了京兆尹的职位。当年，唐玄宗和少数民族发生激战，黄河一带告急。皇帝授予卢生御史中丞、河西节度使的官职。卢生大破戎虏，斩杀了七千个首级，拓展了疆土九百平方千米，并且在边境建筑了三座大城来把守要害。边疆的老百姓在甘肃居延山立石碑歌颂他。皇帝大为高兴，升其为户部尚书并兼御史大夫。一时间家中来访者络绎不绝。

当朝宰相嫉妒卢生的权势，用流言蜚语中伤他，卢生被贬。三年后，又回到皇帝身边当常侍，没过多久就当上了宰相。卢生和其他宰相一起执掌朝政大权十多年，被人们称为贤相。不料，又受到了同僚的陷害，说他勾结边疆将领，图谋不轨。皇帝下诏要将他关进监狱，卢生哀叹道："我老家在山东，有良田五顷，足以御寒防饥馑，何苦要求官受禄呢？如今落得如此地步。想像当初一样，穿粗布衣服、骑青色的小马，走在邯郸的路上，也做不到了啊！"于是，就要挥剑自刎，被妻子阻止，才没有死。因为宦官求情，卢生免了死罪，被流放到偏远的地方。几年以后，皇帝知道他是冤枉的，又恢复了他宰相的官职，并册封为燕国公。他获得的恩宠比从前更盛了。他的子孙后代都很有才能，在朝廷为官，所结的亲家也都是权势显赫的家族。

后来，卢生年纪渐渐衰老，多次要求告老辞官都被驳回。生病之后，皇帝和大臣接踵而至，他得到了最好的照顾。将死时上疏朝廷，说："我本是山东一介儒生，承蒙皇上隆宠，才获得高职厚禄。然而自感无德无才，处理公务时一日也不敢怠慢，每日诚惶诚恐，如履薄冰。现在我一天比一天老了，年岁超过了八十岁，官职也达到了三公的顶点，自知大限将至，弥留之际，感谢皇上的神圣英明，永远歌颂这个清明的时代。”皇帝看了奏章之后非常感动，也下诏书表彰他的功绩，并对他的病重表示痛心和惋惜。当天晚上，卢生病重而死。

这时，卢生伸了个懒腰醒来，看见自己还睡在旅舍之中，吕翁还坐在自己身旁，店主蒸的黏米饭都还没有熟。卢生急切地说：“难道那是个梦吗?”吕翁对卢生说：“人生所经历的辉煌，不过如此啊。”卢生惆怅良久，谢道：“恩宠屈辱的人生，困窘通达的命运，获得和丧失的道理，死亡和生命的情理，全知道了。这是先生你遏止我的欲念啊，我哪能不接受教诲啊!”一再磕头拜谢后离去。

对年龄的曲解

杨安催眠：催眠过程中可以通过年龄倒退寻找那些对我们有影响的事件。年龄倒退有三种方法：逐渐的年龄倒退法、间断的年龄倒退法、跳跃的年龄倒退法。

心理学家通过大量的研究和实验，证明了人在受到催眠或其他的心理处理时，的确可以回到从前的心理状态中，这种现象被称为“年龄倒退”。

许多心理学家都证实：当人受到催眠时，随着年龄倒退，人的心理、记忆、思绪、言谈、声调、音色、表情、举止、知识等，都会相应地返回那个年龄段，就好像完全回到了儿童时期，再次体验那个岁月曾经经历的事情。不论被催眠者是老人还是平素沉稳严肃的人，都不例外。有位心理学家曾经用五十个学生做实验，他用催眠术让学生分别回到四五岁、八九岁这两个阶段，然后向他们提一些问题，请他们回答。发现他们都表现出相应年龄的特点，回到四五岁的阶段只能回答较浅的问题；而回到八九岁时则可以回答较深的问题，而且错误很少。

年龄倒退有三种方法：逐渐的年龄倒退法、间断的年龄倒退法、跳跃的年龄倒退法。

1. 逐渐的年龄倒退法

在催眠状态下，先让来访者回忆去年的生活体验，比如朋友、亲人、发生的事情等。回忆起来后，让其体验一下当时的感觉，然后可以继续暗示："你现在就身在这样的情景中，你现在已经到了这个年龄，你是15岁（如果被催眠者今年16岁）。现在，感受一下周围的情境，你在做什么？周围有什么样的人？看看他们的样子……"成功倒退后，再逐年倒退，或是逐月逐日倒退，找寻过去对现在有影响的经历。

2. 间断的年龄倒退法

如果来访者在清醒的状态下，很明确地知道10岁时的经历对他产生了重大影响，那么在催眠状态下，可以通过暗示直接让他回到10岁的年龄阶段，身临其境地感受当时的事情正在发生，体会到当时的感觉。然后用相应的分析和技巧接触他这种不良体验和现在生活的联系。10岁倒退完之后，也可以跳到8岁或5岁，看看他在这个年龄阶段又发生了什么有影响的事件。

3. 跳跃的年龄倒退法

在直接把来访者的年龄倒退到幼小年龄如四五岁后，再逐年上升到六七岁等。在其过去的成长过程中找到对现在的生活有影响的事件。

年龄倒退的关键在于，引导来访者通过想象回忆出特定年龄段的一些事件，然后让其体验当时的情境，最后加强情境的真实性，也就是让他感受到自己现在就在这个情境里面。

因为催眠的年龄倒退功能，人们可以回到从前，这大大缩短了寻找深层的、引起心理议题的根源情结的过程，并且可以在潜意识层面对于被催眠者的心理进行修复及融合。

通常情况下，心理问题都源于早期的创伤经历所形成的情结，只要通过催眠中的年龄回溯，便可以寻找到创伤的根源。

早年的经历对今天影响颇深的例子在生活中屡见不鲜：由于儿时食物匮乏，致使成年后总想满足口腹之欲；由于在成长中缺乏父爱，致使成年后在不知不觉中寻找能够替代父爱的人物或事物。这些例子及相同似的行为模式渗透在我们的日常生活中，让人经常会忘却它的存在。然而，正是这些如影随形的惯性却让我们经常在人生的关键时刻不知所措，顿失方寸。多少人渴望摆脱这样的影响抑或“阴影”，但却无从下手。想要把负面影响降到最低，唯有先了解问题的成因才有可能彻底根除。

心理学精神分析学派创始人弗洛伊德用“情结”一词来解释上述例子中的行为模式。

我们经常提到的比较常见的情结术语有“恋母情结”和“自卑情结”等。荣格认为情结与早期的创伤经历相关，是我们心灵所分裂出的一部分强烈的情绪及意愿的集合。我们在日常生活中的许多思想及行为，都与深层的无意识情结相关。换句话说，情结影响着我们生活中的各个方面。

从心理学的角度来看，任何对心理或精神造成伤害的事件，都可以称之为创伤事件。遭受创伤后，受损的心灵很难像之前一样整合在一起，从而给我们的行为及情绪带来极大的困扰。而且，创伤还会造成许多持续的、难以消弭的负面影响，如焦虑、紧张、恐惧、抑郁、冲动等情绪失调的症状。

彼得·李维博士指出：创伤后压力失调的症状源于“封存的恐惧”，正是封存的恐惧形成了我们无意识中的情结。年龄回溯可以帮助催眠师探寻来访者记忆当中的创伤事件，明确来访者当下存在的情绪问题。

催眠师曾经治疗过这样一个女性：只要与男性单独在一起，她就会变得非常紧张和害怕，导致无法正常发展任何亲密关系。这个问题让她很苦恼，但是却找不到原因，更无法消除自己的紧张感。

催眠师通过催眠治疗找寻问题的根源，发现她有一部分自我，以五岁小女生的模样出现在家中的大衣柜里，躲避着叔叔对她的骚扰。即使她没有七岁以前的记忆，但那种根深蒂固的恐惧却一直封存在她的潜意识中，形成了强大的情结，导致她与男性接触时行为及情绪都受到这种恐惧的影响。虽然她今天已经是一个成年人，那个从童年“分离”出去的自我其实并没有意识到，自己还有一个非常强大的成年自我。

了解了详细情况后，催眠师先让她认识到当下这个成年自我的存在，让她意识到有这么一位成年的“姐姐”能够时时刻刻保护着自己，不让自己受到侵犯。这样可以从潜意识层面让分裂出去的还是孩童的那部分心灵感到安全。安全感的获得至关重要，但是却不足以消除影响，因为所受到的惊吓和伤害的阴影仍旧还在。

接下来，催眠师深化协调和沟通，将她童年时分离出去的自我与现在的自我融合在一起。也就是让现在成年后的心灵接纳幼年时那个担惊受怕的小女孩，并让她意识到这样的创伤经历是自己的一部分——压抑这部分经历，或者试图将这部分经历分离出去，对心理健康或许会有暂时性的帮助，却无法真正地让自己脱离经历带来的负面影响。

在催眠师和被催眠者的共同努力下，求治者认识到：现在这个成年的自我能够坦然面对当年的经历，并且允许这段经历成为自己的一部分。那段可怕的经历已经结束，自己不必再害怕，不必再躲藏，可以走出来了。治疗结束后，这位女性虽然偶尔还是会有害怕等情绪，但已经可以接受这些情绪的存在，并开始逐渐和男性交往了。

前世回忆现象

杨安催眠："前世"及"轮回"这些概念充满了争议，不过在某些特殊的场合中，前世回忆确实能帮我们解决深层的问题。

除了年龄回溯以外，还有一种饱受争议的方法来寻找被催眠者的情结及创伤根源：催眠前世回溯——通过催眠的方法，带领被催眠者进入一种非常深入的催眠状态，让来访者带着鲜活的感受，重新体验前世的经历。在迷离恍惚之际，掀开神秘的帷幕，再现悠久的历史画面，重温沧桑的岁月。但是，"前世"及"轮回"这些概念本身就充满争议，因此，在催眠中采用前世回忆的方法也饱受争议。

在西方文化中，主流宗教基督教对前世持有否定态度。而中国传统文化受到佛教的影响，对这些概念具有接纳性。《法华经》云："一切众生，从无始来。生死相续，皆由不知常住真心，性净明体，用诸妄想。此想不真，故有轮转。"佛教认为，灵性是不灭的，所以有前世、今世和来世，形成了不断转生的轮回。但是轮回这一概念，至今未能得到强有力的科学证明。所以，"轮回"是否存在就成为了一种信仰上的差别，见仁见智。

但是，人本身就充满了神秘、复杂的光辉，人身体的很多奇怪现象至今也无法用科学解释。从实际情况来说，有的催眠师所了解到的"情结"，的确超出了今生的经历范围。也就是说，有些情结不单单是今生的生活经历所造成的，它受到了前世或是累世轮回的影响。比如：有人今生从没有过溺水经历，但却对水感到恐惧。深入探究发现，这些个体通常前世都有过溺亡的经历。这种在溺亡时对于生命的渴望、对于死亡抗拒的挣扎，通常都会令我们的心灵产生强烈、极端的情绪，烙印在灵魂之中。即使是在经历若干次转世之后，仍旧保留着那份对水的恐惧。

同样的，有的来访者在今生没有经历任何会导致其恐高的事件，但就是无法抑制对高度的恐惧。通过前世回溯，催眠师发现其在前世有坠亡的经历。虽然许多前世的记忆的确会随着转世而消弭，但是某些极端的情绪会在心灵深处形成情结，随着灵魂一起进入下世，继续影响我们的生活。

> 催眠师接待过一个叫琳达的女孩，她总是有着非常强烈的孤独感与愧疚感。通过年龄回溯的方法，却找不出导致这种情绪的来源。在之后的前世回溯过程中发现，她在许多前世中，都存在这种强烈的孤独感，并且都是孤老终生，无一例外。在接下来的回溯中，催眠师终于发现：在很多世之前，她经历过非常严重的心灵创伤——所在的村落遭到了惨无人道的屠杀，男女老幼都没能逃过这一劫。他（在这一世是名男性）因为早晨去树上采果子，才躲过了被杀害的命运。但是他目睹了整个屠杀过程，心内产生了强烈的无助感及愧疚感。
>
> 在催眠中经历村人被屠杀这一过程时，她反复强调，自己应该做些什么，不能袖手旁观；但是又无法做任何事，否则只能和全村人一样被杀。这种强烈的无力感深刻地烙印在她的灵魂中，与孤老终生的孤独感共同形成了强烈的情结。这种情结生生世世伴随着她，无法挣脱。

琳达受这种情结影响，让自己反复陷入一种循环模式中的情况，弗洛伊德对此提出了“强迫重复”的概念。弗洛伊德认为，如果某些经历让我们产生强烈的渴望，或是某些激烈的情绪未被释放，潜意识就会将我们反复置身于和当时的情境相同的境地中，以求在这种“仪式化”的重复中让渴望得到满足，或是让情绪得到释放。

由此推得，在经历过创伤之后，潜意识会想要修复创伤所造成的伤害，便“强迫”我们不断进入与当初创伤相仿的情形中，以求获得解救，达到圆满。无助与愧疚的强烈情绪，使琳达经历了一世又一世的孤独与无助，以求在这种与最初处境相仿的境地中得到解救与救赎。可惜的是，每次都未能如愿。

通过弗洛伊德提出的“强迫重复”，便可以很容易地理解为什么人们总是一而再、再而三的反复陷入某种生活习性和模式中。

在日常生活中，常常有让我们感到非常纳闷及困惑的经历和体验。但是，无论我们反省自身问题，还是责怪他人，仿佛都无法解决这类问题。其实我们的经历来源于选择，而选择却又早已被心灵深处的情绪、思维所决定。也就是说，内心的情结决定了最后的经历。如果你总是重复某个让自己受伤害的主题时，便有必要检查一下自身的心灵，看是否受到某些情结的困扰，潜意识是否在“强迫”自己不断重复着以往的创伤经历，从而期望在一次又一次的受伤过程中得到拯救。面对真实的自己，是迈出困境的第一步。

安吉拉与男友乐伊有过长达近五年的恋爱纠缠，其间，两人有过刻骨铭心的恋爱经历，但又彼此失望，最终分手。可总是有种力量让两人无法摆脱纠缠与折磨，就这样，经历过多次分手、重逢、和好，却又总无法相安无事。两个人都筋疲力尽。

在前世回溯的过程中，催眠师发现安吉拉与乐伊有着很多世的纠缠，尤其是在十七八世纪的欧洲。当时，出身平凡的乐伊爱上了贵族小姐安吉拉，凭借着奋斗一点一点获取了安吉拉的芳心。只可惜，乐伊最终始乱终弃，在得到了安吉拉所继承的财产后销声匿迹。而安吉拉却一直在等待他的出现，直到终老。这样相似的“剧情”重复了许多世，都是乐伊有自己喜欢的人，却贪图安吉拉的资源和地位而与她在一起；安吉拉虽然非常清楚，但是还是容忍了乐伊的所作所为，并且固执地认为只要能与他在一起怎样都行。

继续往前世回溯，来到十四世纪的西班牙，才追寻到安吉拉与乐伊之间纠缠的根源。在这一世，乐伊是一位鞋匠，安吉拉是她的女儿，父女俩一直相依为命。但是，在安吉拉十一岁的时候，父亲乐伊迷恋上了一位歌女，并与这位歌女私奔。孤苦伶仃的安吉拉被送到了孤儿院。在之后的几年里，安吉拉一直饱受虐待与歧视，在十四岁时便因为肺炎去世。

还在催眠中的安吉拉在这一世快要终结时，充满了对命运的无助感及对父亲乐伊的怨恨："虽然我很想他，但是我也很恨他。我真希望他能够明白并且体会到我的遭遇和处境！他怎么能这样对我？为什么？凭什么？我究竟哪里做错了？"在痛哭了一阵之后，她又接着说道："我不相信如果他知道他会把我害成这样，还会离开我！我真的不相信！"

安吉拉在这一世中形成的强烈的"被抛弃"的情结，一直重复在接下来的轮回转世中。但是这种情结并未由于轮回消除半分，反而在一次次"被抛弃"中被不断加强。也正因为如此，她便越来越想通过纠缠达成自己的愿望，让乐伊能够最终选择她，而不是抛弃她，从而将她从如此强烈的痛苦和怨恨中"解救"出来。可惜的是乐伊一次又一次的让她失望。正是这样的潜意识，将安吉拉不断置身于这种纠缠而痛苦的境地中。

这种在轮回中由业力所形成的情结，又被称作"业力情结"。我们所做出的行为可以统称为"业"，简单地说就是种下的因。我们前世今生中做出的所有行为，积累、叠加形成的影响力，又称为"业力"。传统思想认为，一个人今生的福报（或是恶报）都是由前世地业力所导致，然而又不仅仅如此。更深入地说，业力的影响，是由前世累积的创伤和遗留下来的极端情绪导致的。

这些业力中的情结便是她需要处理和面对的。

在经历过这些前世回溯之后，催眠师带领安吉拉进行了深度的自我分析。当她领悟到为什么会一次又一次地陷入重复的行为模式后，也明白了这种强迫的重复并不能给自己带来解脱，真正的救赎是不能寄希望在他人身上的。

在明白了这一切之后，安吉拉终于在灵性的高度上原谅了乐伊，向乐伊生生世世给她带来的伤害做了告别，并且接受了他们并不适合在一起的事实。

在此之后，安吉拉逐渐摆脱了乐伊对她造成的影响，开始了崭新的生活模式。虽然以后她可能还会受到这种业力情结的影响，但她能够意识到自己感情问题的根源在哪里，并且时刻提醒自己不要再重复之前的“恶性循环”。明白自身问题的前因与后果，将潜意识中一直困扰自己的问题提高到意识层面，对于安吉拉来说格外重要。这次，她迈出摆脱业力情结影响的第一步。

对外界失去反应

杨安催眠：催眠状态下，我们会对外界的刺激暂时性地失去反应，这是因为催眠状态下的意识分离现象。

在睡眠过程中，我们会对外界失去反应，无论打雷、刮风、下雨我们都无法感知到。进入深度催眠时，我们也会对外界失去反应，甚至是在感官上出现错觉。例如，就像前文提到的，经过引导和暗示，被催眠者看不到障碍物，外界真实的声音和物体不再对他产生影响。舞台式催眠中能够看到“催眠成钢板”的表演——催眠师通过催眠，让一个观众全身变得像一块钢板一样，可以平放在两个凳子之间，催眠师甚至可以踏在那个观众的身体上。催眠师拿着一个怀表等小物品，在病人面前晃来晃去，嘴里念念有词，比如说：“你会变得越来越放松……”然后病人就像睡过去了一样，或神智变得恍恍惚惚的。

那么，睡眠状态和催眠状态的失去反应有什么不同呢？

1842 年，外科医生布雷德第一次使用“催眠”这个术语。“催眠”与“睡眠”是完全不同的。催眠状态，是通过放松、暗示、单调刺激、集中注意、想象等手法诱导引起的，一种特殊的介于清醒与睡眠之间的恍惚状态；是从清醒过渡到睡眠的一个中间状态。越接近睡眠，则催眠的程度就越深，如果对外界失去知感，全身放松下来，他就进入了睡眠状态。催眠状态，有时也称为恍惚状态。催眠时，被催眠者自主进行判断、思考、行动的能力减弱或丧失，感觉、知觉发生歪曲或丧失。在催眠过程中，被催眠者基本上是按催眠师的暗示或指示做出反应。

在生活中的许多场合，我们也会处于催眠状态，比如：在高速公路上驾驶时的入神状态、做白日梦、凝视火焰或云朵、阅读、注意力高度集中、全情投入地运动、陷入沉思、拆解疑难或谜面、注视旧照片、某种气味勾起童年的回忆，在这些时候，我们都是进入了一种催眠状态，都会对外界的刺激暂时性地失去反应。我们之所以会对外界失去反应，是因为催眠状态下产生了意识分离现象。

希尔加德根据实验观察，认为催眠将被催眠者的心理过程分离为两个（或两个以上）同时进行的分流。第一个分流是被催眠者经历的意识活动，性质可能是扭曲的，就好比对感觉是歪曲的，对年龄的感觉是错位的，对环境的感觉是错误的；第二个分流是受试者难于察觉、被掩蔽的意识活动，但其性质是比较真实的，希尔加德称之为“隐蔽观察者”。

意识分离是生活中一种经常出现的正常体验，例如，飞机将要降落在北京机场了，空姐本应该说：“乘客朋友们，飞机将要降落在北京首都国际机场……”没想到她心里突然想到就要和男朋友在西直门的肯德基店里见面，结果张口就说成了：“乘客朋友们，飞机将要降落在北京西直门肯德基机场。”这种“心口不一”的现象就是意识分离。

再比如，一个人开车前往某处，经过一个红绿灯路口的时候，看着是绿灯，便随着车流继续往前开，刚到路中央，突然听到一阵巨大的汽车喇叭声。驾车的人猛然惊醒，再仔细一看，眼前已经是大片车流，离他的车不到半米。对面的红绿灯已然是红色，感觉像是突然间到了路中央一样。

人在疲惫的状态下，格外容易出现意识分离的情况。此时，五感已经变成了两感，长途驾车的人对路上状况作出了一些反应但大多回忆不起来了，就是由于当时意识明显地分离为驾驭汽车与个人思考两部分。

人脑内有一个遍布全意识脑的程序“我”，它统合、协调各类意识活动，如意念、幻想、感觉、运动、理性的思考判断等，并监督记忆储存。许多怪异的精神现象，或者称为意识状态，其实是起因于某些意识活动与“我”的分离。

有人能在受催眠者暗示后，将意识和幻想剥离，并把幻想内容送入感觉区而出现幻觉，或感觉剥离而对外界刺激没反应，例如催眠止痛就是运用这种原理；或者运动剥离而使肌肉不听使唤，例如手不能抬，腿不能伸；或者理性剥离而完全听从催眠师命令，或意念剥离后不受理性控制。在用于舞台表演的催眠中，我们能看到一个人被催眠后，能够直接躺在两把椅子的椅背上。脖子搭在一个椅背上，脚脖子搭在另一把椅子的椅背上，中间部分全部悬空，人却好像躺在平地上一样。如果是在清醒状态，理智会告诉我们，自己不可能悬空躺着，而且即便尝试也有摔伤的危险，所以根本不会去尝试。可是在催眠状态中，大脑能直接指挥运动区而使身体僵直平放于两把椅子上。

某些指令也可在催眠时被植入意念中，而在催眠解除后发生作用。其原理是：意念平时听从理性的决定，但在催眠状态中理性被剥离，催眠师取代了理性下达指令。催眠解除后，人会按照这种指令去行动。因为人如果无法按照已被决定好的事去做，或既定观念被违反时，就会觉得不安、难过。这就是催眠的心理治疗产生功效的原理之一。

潜意识层的“情节”出现

杨安催眠：人们98%的行为都是由潜意识来支配的，正是这难以感知的潜意识在支配着人的行为。当我们有自己都难以理解的“情节”，不妨向内问问我们的潜意识。

潜入别人的梦境，盗取别人潜意识中有价值的信息和秘密，并且通过和潜意识沟通将信息植入大脑，影响大脑的判断和决定，这是电影《盗梦空间》中的故事情节。

“万物生于一念，灭于一念，一念再念，生生灭灭。”究竟信念来自何方，又如何对我们产生影响？潜意识如何运作，又藏有什么宝藏呢？

信念会在一生当中形成，对人们影响最大的却多数源于婴幼儿时期，一直到6岁左右。这短时间正是人格形成的黄金阶段。在呱呱坠地的那一刻，我们对这个世界完全陌生，甚至也不知道自己的存在。本能使我们第一时间与大环境产生互动，以满足基本的生存需求。在互动之中，环境开始对我们产生了特定意义。心理社会发展理论的创始人艾瑞克森这样说：“婴儿如何了解环境，根据其生理和心理是否得到满足而定……如果其需求得到充分满足，那么他对世界的看法倾向美好、稳定、安全、可信任的。反之，则认为世界对他而言是挫折的、压迫的及无法信任的。”

这些存在我们潜意识中的感觉，很大程度上控制着我们的认知。心理学家研究发现，人的大脑主要有两种东西在支配，一种被称为意识，另一种被称为潜意识，意识与潜意识的区别在于意识可以感知，而潜意识难以感知，而正是这难以感知的潜意识在支配着人的行为。人们98%的行为都是由潜意识来支配的。

潜意识的获得与完善依赖于意识的辅助学习，生活中的各种体验都会形成条件反射，让我们形成固定的行为模式，这就是所谓的“经验”。然而这些“经验”形成时，我们还在幼年时，并未具有严谨的分析与判断能力，沉淀下来的“经验之谈”通常是未经过滤、仅仅依靠片面的感知被吸收与内化。诚然，我们并不能记住从小到大经历过的所有的事情。体验随时被“遗忘”而放入更深的记忆库，即潜意识中。在一般意识中则只留下某些“印象”。偶尔“印象”才会被提取出来，优势印象则会内化成为心智常态的一部分，即“信念”。

由此可知，生命早期成长质量对一生有着关键性的影响，当我们学会某种东西后，潜意识就会接管过来，想改就难了。因此，此时若有负面的信念形成，其破坏力也最为深远。

同样的道理，当潜意识改变了，意识也随之改变。就是在这个原理下，催眠师通过指令与被催眠者的潜意识进行交流，在潜意识上升时，人脑内神经元传导的速度会增快，很多潜能也会被更好地激发。而《盗梦空间》中描述的，获取潜意识当中的某些信息的确是有可能的。

也许人们会有这样的疑惑：催眠师既然深谙与潜意识的沟通之道，那么岂不是能轻易颠倒乾坤，指鹿为马吗？如此一来，被催眠者还有隐私可言吗？

催眠师当然做不到这一点。每个人的潜意识都有一个坚守不移的任务，就是保护这个人。形象点说，《盗梦空间》中“防御者”一角就是存在于潜意识中的卫士。实际上，即便在催眠状态中，人的潜意识也会像一个忠诚的卫士一样保护自己。催眠能够与潜意识更好地沟通，但不能驱使一个人做他的潜意识不认同的事情。比如，催眠师无论如何都不能让一个心智正常的人在催眠状态下去偷盗杀人。所以不用担心会被催眠师控制或者暴露自己的秘密。

催眠的原理就是潜意识的沟通，这就是催眠能够治疗心理疾病的原理。

当催眠师不违背被催眠者的原则；被催眠者的动机是疗愈自己，不排斥催眠行为时，催眠可以为被催眠者创造感觉，可以改变其心态，可以让其消极的心态向积极转变。

随着人们年龄的增长，被设定的程序就越多，我们的意识告诉我们，这是不好的，不能做，这是不可能的……这些暗示都是潜意识中的某些情节。有些人常说："我知道这样做很不对，但就是无法控制自己！"这个"无法控制的自己"就是潜意识。负面的核心信念之所以如此难缠，除了因为它不是一朝一夕形成的，还是因为它连接着复杂而强烈的负面感受与情绪。例如，当受到孩子的言语反抗时，潜意识的自我保护功能便启动了，家长开始发怒，企图控制孩子，完全不管这样做于事无补，更会给孩子带来伤害。可怕的是，我们并不会注意到这种模式下隐藏的潜意识。信念以惯性的模式作用于潜意识之中，不被意识所知，难以察觉，甚至它还扮演着"智者"和"保护者"的角色。我们依靠它、信赖它，因为它曾让我们免受伤害；帮我们在最短的时间内，做出最有利于生存的反应。虽然结果并不一定如此。

然而这些"情节"的存在并不能完全带来正面的结果，所以需要改变。改变不是痛苦的，它是自然而然的。我们并不是要视负面信息为敌人，必须除之而后快，也不建议用"正面思考"去压制它。因为它是人性的一部分，它伴随着生命而存在，一味地排斥只能让我们的大脑上演一部情节混乱的电视剧。毕竟，它也并不是只能带来坏处和恶果的。我们需要接纳它、倾听它，在意识中深入探访它形成的背景和来由，察觉其中的瑕疵，释放曾经遭受到压抑的情感或创伤，或者为它加入新的信念，做出修正。也就是说，对于不再有利于生存与幸福的信念，我们可以在潜意识中更新它，使它更合时宜，更具弹性；或者感激它，然后允许它功成身退。一个人只有与潜意识建立良好的统一和沟通关系，他的身心才能平衡，获得有益发展。

感觉跟着暗示走

杨安催眠：自我评价、自我认可等感觉，很大程度上取决于你给自己什么样的暗示。

革命家孙中山说过：“心信其可行，则移山填海之难，终有成功之日；心信其不可行，则反掌折枝之易，亦无收效之期。”一件事情，如果坚信能够做到，就没有什么不可能的；如果没有信心，就算再简单的事也无法完成。如果我们能在暗示中加强信念，你的感觉也会随之改变，进而完成看似不可能完成的事。正如爱迪生所说：“如果我们能做出所有能做的事，我们毫无疑问会让自己大吃一惊。”

给自己正面的暗示首先要做的就是“自我接纳”。生活中的很多事情是不能改变的，如我们的出生地、肤色、民族、家境等都是既定的，但是，如果能改变自己的定位，人生之路也会相应地改变。

如果一个人总觉得自己不如别人，那么在待人接物时，难免就会唯唯诺诺，显得笨拙而胆怯。这样不仅得不到身边人的尊重，还会影响自己的行为能力。低估自己，是成功的大忌。由此看来，自我暗示既能成为摧毁自己的武器，也能成为开启新世界的利器。暗示自己保持乐观向上的心态，才能对自己保持良好的感觉。

美国纽约第53任州长罗杰·罗尔斯，是纽约历史上第一位黑人州长。他出生在纽约声名狼藉的大沙头贫民窟：那里环境肮脏，充满暴力，是偷渡者和流浪汉的聚集地。在这儿出生的孩子，从小就耳濡目染地学会了逃学、打架、偷窃甚至吸毒等。在这种环境中长大的人，有的走进了监狱，有的从事着并不体面的职业。然而，同样是在这种环境中长大的罗尔斯不仅进了大学，而且成了州长。

在他就任州长的记者招待会上，到会的记者提了一个共同的问题：是什么把你推向了州长宝座？

面对300名记者，罗尔斯对自己的奋斗史只字未提，他仅说了一个让大家感到陌生的名字——皮尔·保罗。

保罗是他小学时的校长。当时正是美国嬉皮士流行的时代，保罗走进大沙头诺必塔小学的时候，发现这儿的穷孩子比“迷惘的一代”还要无所事事，他们不仅不听课，而且旷课、斗殴、砸烂教室的黑板。老师们想了很多方法来引导他们，可是没有一个方法是有效的。

后来保罗发现，这些孩子都很迷信。于是他上课的时候多了一项内容——给学生看手相。凡经他看过手相的学生，没有一个不成为州长、议员或富翁的。

这位杰出的校长是怎样给学生看相的，想必大家已经心知肚明了。用一句话说就是“八字先生进门，一屋子的贵人”。由此可见，除了现实的环境，适当的鼓励和暗示，一样会影响一个人的一生。好的鼓励与暗示，可以让我们更加自信和有勇气，有良好的自我感觉，更加积极地面对生活、面对挫折。相反，不好的心理暗示，则可能让我们永远一蹶不振、一无所成。

当我们自己遇到困难时，不妨自我催眠，努力去发现自己的优点，让自己振作起来，那么困难就自己消失了。

在困难面前，如果我们暗示自己“这下可完了”，便会感觉前途无望；如果我们暗示自己“总会有办法的”，就能激发出自身潜在的智慧。成功的人在遇到问题的时候，非常注重给自己正面的暗示，动脑筋、想办法，他们相信“天无绝人之路”。

一年夏天，因为大豆产量提高，进口的大豆又便宜，因此大豆的价格普遍偏低，全国一片“豆贱伤农”的叹息声。而一位黑龙江的老板却依然气定神闲，丝毫看不出发愁的样子。于是人们向他请教处理滞销大豆的秘诀。

老板哈哈笑着说：“如果豆子滞销，有以下几种方法：第一，将豆子沤成豆瓣酱；如果豆瓣酱卖不动，腌了变成豆豉；如果豆豉还卖不动，加水发酵，改卖酱油。第二，将豆子做成豆腐；如果不小心做硬了，改卖豆腐干；如果豆腐不小心做稀了，改卖豆腐脑；如果实在太稀了，还可以卖豆浆；如果豆腐卖不动，放几天，变成臭豆腐；如果还卖不动，长毛了，还能卖豆腐乳。”

全国豆子滞销，卖豆子的商人面对的是同样的情况，这位老板却能够给自己“豆子总能卖出去”的暗示。这种感觉坚定了他的信心，让他积极地想办法。苦难的“终结者”永远是那些善于让感觉跟着正面的暗示走的人。

在非洲国家马拉维北部的一个小村落，有一个17岁的青年，名叫黎格逊·凯伊拉。有一天，他看了《林肯传》之后深受感动，决心要做一个凭借自己的力量攀登人生高峰的人。凯伊拉与妈妈商量：“我想去美国上大学，您能答应我吗?”他妈妈并不知道美国在哪里，不假思索地说：“你可以去，什么时候动身呢?”凯伊拉说：“我明天就出发。”于是，第二天凯伊拉带着妈妈准备的玉米饼出发了。

他本来打算先走到3000英里之外的开罗，再搭船前往美国。可才走了几天，随身携带的食物就全吃光了。他想出了一个好办法：每到一个地方，通过自己的劳动换取食物和钱，然后继续向前走。一年后，凯伊拉已步行了1000多英里，到达了乌干达。在那里，有个善良的家庭收留了他。他在当地找到了一个制砖的工作，干了6个月，把所赚的钱大部分寄给了母亲。在乌干达的首都，凯伊拉无意中看到一本《到美国读大学的留学指南》。他随意翻了翻，得知美国大学会给优秀青年提供奖学金。于是，他给指南上的一些大学写了请求奖学金的申请。终于有大学同意提供给他奖学金后，办护照时又遇到了麻烦。他又写信向童年时曾教导过自己的传教士求援。在传教士的帮助下，他终于拿到了护照。

之后，他一边走一边打工，买了人生中第一双鞋。凯伊拉穿过乌干达，来到了苏丹，来到了喀土穆。他找到当地的美国领事馆，详细地讲述了自己的坎坷经历与无比渴望。热心的美国领事对凯伊拉十分欣赏，并亲笔写信，将他的困难告诉了史卡吉特谷学院。几个月之后，在史卡吉特谷学院的大力帮助下，凯伊拉穿着第一套学生装和第一双鞋子，昂首挺胸地走进了学院的大门。

在开学典礼上，凯伊拉以新生代表的身份发言。他发自肺腑地感谢了一切帮助过自己的人，并说出了心中回荡已久的话：“当上帝把一个看似不可能实现的梦想放在我们心中的时候，就已经是对我们的莫大的关爱了。请牢牢记住，在任何艰难险阻面前，都没有气馁的理由。如果气馁了，就要鞭策自己，马上振作起来。只要我们告诉自己我正在完成的路上，就会拥有激情、勇气和力量。在这个世界上，没有登不到顶的山，没有渡不过去的水。永远按照积极思考的原则努力，这就是我心中的巨人，这就是我从非洲赤脚走到美国的真相。”

第四章 催眠深度，催眠唤醒

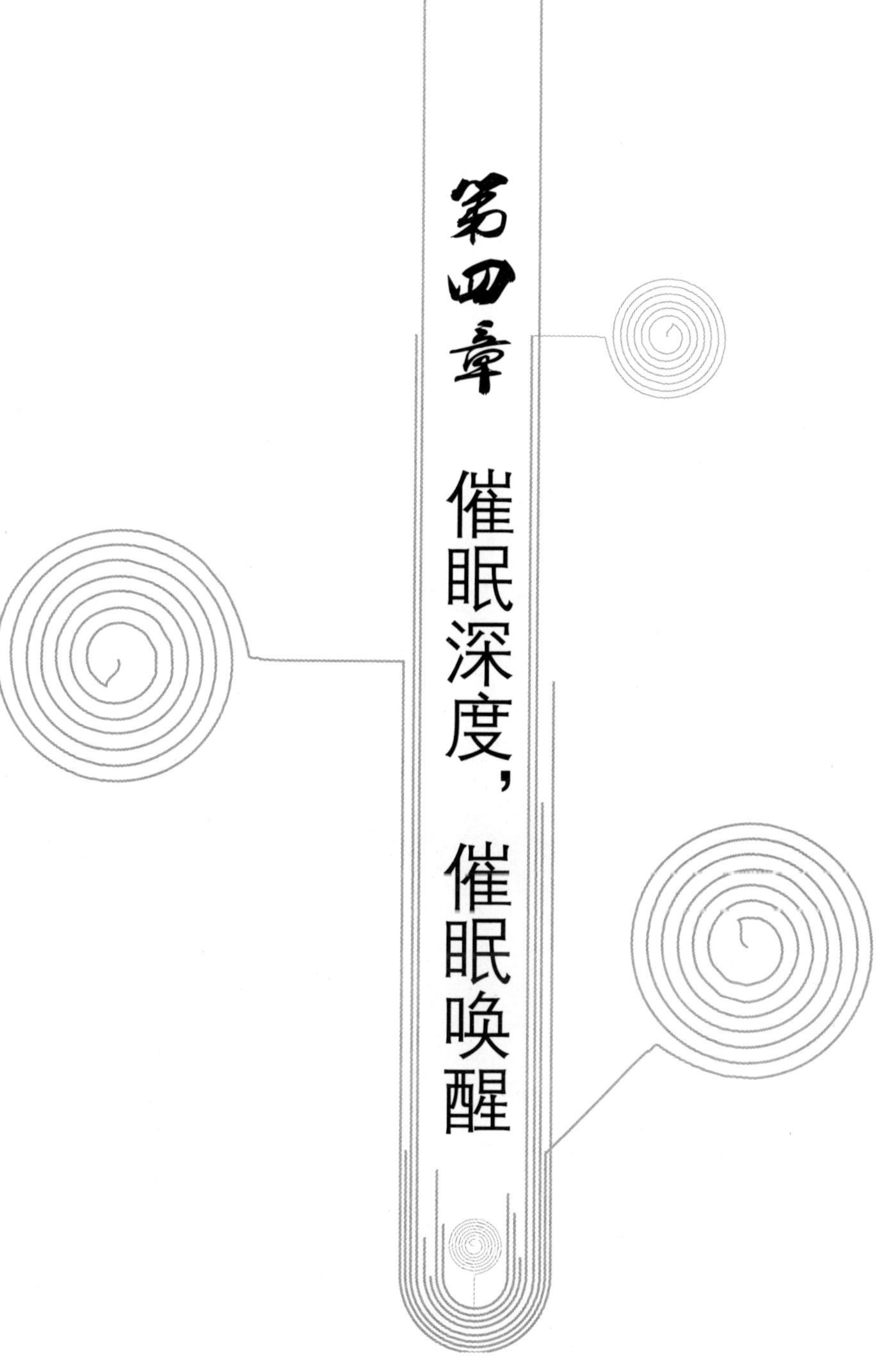

就像知识的掌握必须由浅入深，催眠也是需要逐层深入的。催眠都有哪几种深度，又能通过什么样的方式区分呢？在催眠之前进行敏感度测试的原因是什么？怎样进入深度催眠？又怎样从催眠的状态中醒来？

催眠深度区分

杨安催眠：对于催眠深度的区分有几种方式。通常来说，催眠深度分为三个等级——轻度催眠状态、中度催眠状态、深度催眠状态。被催眠者在不同的状态下会有不同的表现。

心理学中一般将催眠深度分为三个等级：轻度催眠状态、中度催眠状态、深度催眠状态。

轻度催眠状态，是指被催眠者处于舒适的状态，肌肉松弛，运动的功能良好，但不愿意动，没有力气睁开眼睛。催眠解除后能记得催眠中进行的一切。这时，被催眠者对指令反应不佳，常常会以为自己没有被催眠。其实，已经开始进入催眠状态，只是深度还不够而已。在这种状态下，被催眠者心态平和，心理防卫降低，容易说出平常不愿意流露的话，适合进行一般的心理咨询。

中度催眠状态，是指被催眠者身心放松，对催眠师的指令有良好的反应。这时，被催眠者是清醒的，肢体僵直，催眠师试图弯曲他的胳膊时，能明显感觉到抵抗力。催眠解除后能保留部分记忆。

中度催眠是大多数催眠治疗时进入的状态。此时，意识与潜意识搭起了一道桥梁，催眠师可以直接对潜意识下指令。然后，这些信息会被送到意识层面，指导心态和行为。例如，当催眠师下指令说：“我从 1 数到 3 时，潜意识会引导你寻找问题的根源……1、2、3……”随着数数，被催眠者就能慢慢回到关键场景中，想起被忽视的关键记忆。

深度催眠状态，是指被催眠者身心放松，对于催眠指令反应良好，但是并不清醒，甚至感觉不到周围的环境和发生的事情，完全沉浸在主观的个人世界里。催眠解除时，被催眠者很可能记不清催眠时自己头脑中发生了什么事。

舞台催眠秀就需要被催眠者达到深度催眠状态。一般来说，在心理治疗时，并不需要进入深度催眠。因为心理治疗着重于重新诠释过往经验，这需要清醒的意识状态来参与，所以治疗时中度催眠状态是比较合适的。

不过，催眠学是不断发展的，随着对催眠时各种复杂状态的研究，有的催眠师发现三种分类方法不足以概括催眠状态，因此又发明了几种催眠深度的区分方法，比三分法更细致。这些方法中比较常用的有“六种深度”的分类。

第一层：有点被催眠了，但是很轻微，被催眠者几乎察觉不到变化。部分运动功能受到抑制，例如眼皮胶黏反应。

第二层：更加放松了，大的肌肉开始被抑制，会出现手臂僵直等反应。头脑中像跑火车一样的胡思乱想开始减弱。

第三层：所有的肌肉都能够被抑制，被催眠者能根据催眠师的指令做出相应的反应，例如，坐在椅子上站不起来，无法走路，不能清晰地数数字，丧失部分痛觉。舞台催眠秀时，催眠师至少要将参与者引导至第三层。

第四层：能出现暂时性的记忆丧失。例如，被催眠者会真的接受指令而把数字、姓名、地址等忘掉。另外一个重点是，痛觉丧失，但是触觉还在，可以进行大部分的牙科治疗、外科小手术。被催眠者会感觉到好像有空气吹进伤口，但不觉得痛。

第五层：开始梦游，痛觉与触觉都会消失。能出现正性幻觉，也就是说，可以看见实际上不存在的人、事、物。

第六层：非常深的梦游状态，能出现负性幻觉，也就是说，看不见实际上存在的人事物。根据科学的统计，大约有 20% 的人只能达到第一二层的催眠深度，60% 的人可以达到第三四层的催眠深度，20% 的人可以达到第五六层的催眠深度。

有四个关键点可以用来判断这六种催眠深度。

第一，肌肉的僵直程度：被催眠者的运动机能会受到抑制。在前三层，受抑制的程度逐步增强。

第二，部分记忆丧失：这是区分第三层与第四层的关键。例如，催眠师会暗示随着他的数数，被催眠者会忘掉某个数字，在第三层的被催眠者可能无法清晰发音、数数，在第四层则会真的忘掉这个数字。

第三，丧失痛觉和触觉：这是区分第四层与第五层的关键。在第四层，会出现痛觉丧失，不觉得痛，但是能感觉到触碰，第五层时，则出现既不痛也没触觉的麻醉现象。

第四，幻觉：在第五层会出现正性幻觉，感觉到本来没有的人、事、物。例如，催眠师会拿出一瓶装着清水的水晶瓶，暗示对方这是一瓶高级香水。对方一闻，真的能闻到香水的芬芳。第六层则出现负性幻觉，看不见实际上存在的人事物。例如，催眠师暗示对方，当自己从 1 数到 3 时，对方就看不见墙壁上的时钟。被催眠者睁开眼睛后，就会发现墙壁上空无一物。

关于负性幻觉，催眠界一直存在着争议。因为被催眠者虽然声称自己看不见椅子，却能够绕开椅子而不撞上。有一种解释是：被催眠者并不是真的没看见，而是他看见了，却当作没看见一样。换句话说，必须先看见，才能看不见。因为人的心灵深处，有一个“隐藏的观察者”，即使是在潜意识中，仍然能够清晰地看见眼前的一切。虽然主观上他没有看见桌椅，但是实际上他用直觉“看见了”，所以不会跌跤。

催眠敏感度测试

杨安催眠：在催眠之前，可以通过催眠敏感度测试，评估被催眠者是否容易被催眠。

在催眠之前，催眠师要对来访者做敏感度测试，这是一项必需的准备工作。有些催眠师认为，只用一种催眠引导方式，就可以用于任何人、任何情况。事实上，每一位来访者都是不同的，甚至可以说是千差万别。

做催眠敏感度测试，可以借此评估被催眠者是否容易被催眠。也就是说，评估来访者能否从催眠治疗中获益；可以得到被催眠者许多个性化的资料，便于催眠师选择合适的催眠引导方式；进行测试时也是双方增进了解、互相沟通的过程，可以减少被催眠者的恐惧和焦虑，在双方之间建立互相信任的关系；可以将其看作是正式催眠的前奏，如果情况良好，有时可以从催眠测试直接转至实际的催眠治疗。在此期间，也可以向被催眠者介绍一些催眠的基本理念。例如，被催眠者绝对不会因为被催眠而无法醒来；被催眠者不会因为被催眠而泄露个人隐私，如银行密码等。

根据被催眠者的性格，催眠师可以选择不同的态度进行引导。权威式的敏感度测试要突出权威、言语有力、跋扈、控制场面；柔和式的敏感度测试要说话柔和、不强制、循循善诱。做敏感度测试是催眠成功的关键。如果被催眠者对于权威式的测试反应较佳，在正式催眠时则选择权威式的诱导法。

在想象力的测试方面，通常使用舌尖柠檬测试、手臂上浮测试、双手冷热测试、苹果观想测试、双手扣紧测试。

这些方法都是通过引导，测试被催眠者接受暗示的难易程度。舌尖柠檬测试法是这样来进行引导的：全身放松，呼吸均匀，眼睛闭起来，想象你的眼睛凝视着鼻尖，把你的注意力专注在你的鼻尖上，保持均匀地呼吸……现在，请你把注意力放在你的舌尖上，发挥你的想象力，想象有一片刚刚切好的柠檬，就放在你的舌尖上。柠檬非常新鲜，就放在你的舌尖上，果皮是嫩绿的，果肉是淡黄透明的，散发着柠檬的清香……酸酸的柠檬汁正慢慢渗透出来，流到你的舌头上，也流到你的口腔里……深呼吸，你闻到了柠檬酸酸的味道……

如果被催眠者感到口水分泌明显增加，忍不住要咽口水，说明接受暗示的能力较好；如果还能闻到柠檬的味道，说明敏感度更高。

在注意力测试方面，常使用“布尔评定”。在实际操作中选择其中的一两项测试就可以了。

第一种后倒法：告诉被催眠者，要进行神经特点方面的实验。让被催眠者背对着催眠师，两脚并拢站立，双手自然下垂。催眠师用掌心轻轻平贴在对方后背上，低声说：“现在开始，我会慢慢向后拉你，已经开始拉了！你开始向后倒了！已经开始倒了……”但实际只是把手后移，如果测试者向后倒，表明有足够的暗示性注意力。

第二种前倾法：站立姿势和后倒法相同，让被催眠者盯着催眠师的眼睛。催眠师则凝视着对方的鼻梁，伸出双手，掌心向内，放到对方太阳穴附近，并轻微接触，暗示说：“现在，当我的手拿开时，你会跟着我向前倒。”

第三种勾手法：让被催眠者双手交叉勾在一起，催眠师把自己的手包在外面，给予轻轻地按摩。催眠师要求对方凝视自己的眼睛，并将自己的目光固定于对方的鼻梁上，暗示说：“你的手麻木了……两手握得更紧了……你已经不能把你的双手分开了！你用力试试看，你的双手不能分开了！”

第四种试管法：给被催眠者三个盛有清水的试管，告诉说要测验一下嗅觉的灵敏度，暗示说：“闻一下，哪个是汽油，哪个是酒精，哪个是清水?”如果闻到了汽油或酒精的味道，则说明暗示性较强。

为了进一步测试催眠敏感度，还可以用不同的测试来确认能够达到的催眠深度。

“巴布尔暗示”一共有 8 项，每次暗示成功得 1 分，得分超过 4 分就表示催眠可获得成功。

第一项手臂下落测试：让被催眠者右臂平伸，保持静止状态，暗示其越来越沉，沉得往下落。30 秒后，下沉十厘米左右，得 1 分。

第二项手臂上飘测试：左手平伸，暗示其越来越轻，轻得向上飘。30 秒后，上飘约十厘米或更高，得 1 分。

第三项两手分不开测试：先将双手手指交叉，紧握置于下腹部，暗示其两只手被粘住了，不能分开。反复暗示 45 秒钟，5 秒钟后分不开手给 0.5 分，15 秒钟后还分不开手给 1 分。

第四项口渴幻觉测试：暗示“你非常口渴”，如果被试者有明显的吞咽、舔嘴唇等动作，给 0.5 分，测试结束后仍然感到口渴，再加 0.5 分。

第五项失语测试：持续暗示 45 秒钟，“你喉咙、嘴巴动不了了，说不出话来了”，5 秒后说不出话，给 0.5 分，15 秒后仍说不出话，给 1 分。

第六项僵直测试：持续暗示“你身体发沉，僵硬，不能站立”，持续 45 秒，5 秒后不能站立，得 0.5 分，15 秒后仍不能站立，得 1 分。

第七项“催眠后”反应：持续暗示被催眠者，“测试结束后当我响起‘咔嗒’声，你会不由自主地咳嗽，持续 45 秒。”暗示结束后，催眠师发出“咔嗒”声响，被催眠者不由自主地咳嗽或者有喉部运动，得 1 分。

第八项选择性遗忘：测试者暗示被催眠者“测试结束后你记不起第二项测试，只有当我说你现在想起来了，你才能想起第二项测试的内容”。测试者想不起来，给 1 分。

催眠深化技术

杨安催眠：催眠要想达到一定深度，需要逐层深入。懂得催眠深化技术，就能通向深度催眠。

即使被催眠者催眠敏感度高，没有良好的催眠深化技术，也是无法用催眠来解决问题的。合适的催眠深化引导词能够引导被催眠者顺利地进入状态，进入到自己的潜意识深层，和内在对话。下面就介绍一些常用的深化催眠引导词。有经验的人也可以根据自己的喜好，在自我催眠时编写引导词，以便让自己更快、更深地进入催眠。

1. 下楼梯法

现在，可以想象你站在一个宝塔上，准备下楼梯回到地下的草坪，这个楼梯共有十层，我会引导你一层一层向下走。每向下走一步，你就会进入更深的催眠状态。当你走到楼梯下面的草坪上时就会进入潜意识之中，想起很多重要的记忆，获得它的帮助。

你的身体很舒适，你的心情很宁静、安详……现在，向下走到第一层，身心更放松了……继续往下走，到第二层，脑海里越来越宁静……继续往下走，到第三层了，你很喜欢这种越来越放松的感觉……继续往下走，到第四层，你的呼吸更加顺畅，每一次吸气，都会吸进清新的空气……继续往下走，到第五层，你越来越深入潜意识了……继续往下走，到第六层，身体轻轻的，好像所有的压力、束缚都消失了……继续往下走，到第七层，你很喜欢现在这种轻松、舒服的感觉……继续往下走，到第八层，你正在进入自己的潜意识，仿佛回到了心灵的故乡，感觉安全又宁静……继续往下走，到第九层，就快要到了，你即将到达深度放松的状态了……继续往下走，到第十层，仔细品味、感受，好好地享受深度放松的滋味……你即将走入地下的草坪，拜访你心灵的深处……

2. 搭电梯法

现在，你在一部电梯里。想象一下电梯里的布置，是你喜欢的样子——灯光很柔和，电梯的墙壁是什么样子的？电梯的墙上有装饰的画吗？你正在自己的电梯里，等待愉悦的旅程。我会慢慢从 1 数到 10，每数一个数字，你都会感到电梯下降了一段距离，等我数到 10，你就会到达非常深的潜意识，进入深深的催眠状态。你会找到问题的答案。

如果是做前世回溯和年龄回溯等需要年代感的催眠，可以在电梯中加入数字符号：现在想象一下，你置身于一部电梯中，电梯的仪表板可以显示公元年代。现在是 2005 年，你看到数字了吗？现在，我会慢慢从 1 数到 10，当我数到 10 的时候，电梯会停止，然后你看看仪表板上的数字，就能知道你回到哪个年代了。接着，电梯门自动打开，你走出去，就能看到那时候的你自己。

3. 手臂下降法

催眠师要轻轻抬起被催眠者的手臂，说：现在，我会把你的右手举起来，保持在这个高度。等一下当我把你的手臂放开时，你就按照自己的感觉，一点一点地放下来。你的手臂每放下一点，你的身体会更放松，心境会更安宁……等到你的手臂垂下来，你会进入比现在更深的催眠状态。然后，催眠师轻轻把手放开，看着对方一点一点放下手臂。待手臂放下后，观察对方的表情、肌肉是否进入了更深的催眠状态，如果不确定，可以轻声询问："现在你的身体有没有更轻松？你的心里感受到什么？"如果答案是肯定的，就可以继续下面的治疗了；如果没有效果，可以再做一次手臂下降法，或使用其他深化技巧。

4. 触摸引导深入法

让被催眠者以舒适的姿势躺好，告诉被催眠者每触摸他一下，就数一个数字，每数一个数字就进入到更深的催眠状态，并暗示其更加轻松，更加接近深层的潜意识。数数以 20 为最好；触摸时以不太敏感的部位为好，尤其是异性之间一定要把握好分寸，最好有他人在场。

5. 时光回溯引导法

想象一下，你走进了一个光亮的隧道，周围是柔和的白光。偶尔会出现蓝光、紫光、金光，各种五彩缤纷的光。你的心情很宁静，从来没这么轻松过……现在，我会慢慢从 1 数到 10。当我数到 10 的时候，你的潜意识会引导你回到过去某一段时光，在那里，你会看见一个对你来说很关键的事件，也许是你的前世；也许是你的童年；也许就在最近。总之，潜意识会自动引导你。当我数到 10 的时候……无论你看到什么，想到什么，把它轻声说出来。说出来以后，你就会觉得心情很好，很多负面情绪就会释放掉。

此时，催眠师可以一边数数、一边观察被催眠者的表情，然后随机应变进行引导。如果被催眠者流泪哭泣，可以暂时什么都不做，任其释放情绪。待哭声停止后，可以问被催眠者："刚刚发生了什么事?"接着，引导被催眠者将这件事情重新经历一遍，赋予这件事以新的意义。

如果在事先了解的时候知道了，来访者并没有解决具体问题的意图，只是想提高自我效能，实现自我链接，探访源自生命的力量和智慧，则可以用穿越时光隧道的引导方式。

伴随着均匀的呼吸，你站在白雾弥漫的时光隧道里。走着走着，白雾散尽，你走进了一个仙境……你回到了生命的源头，这里是你出生的地方。漫山遍野都是青青的绿草，还有些不知名的鲜花，这里充满了宁静、甜美……你的身体晶莹剔透，像羽毛一样轻盈。你任意地飘浮在空中，想去哪儿，就去哪儿。所有的经验都被忘却了，没有抱怨，没有评论，也没有审判。你已经记不得自己是什么，自己不是什么，你也忘掉了自己是从哪里来的，也忘掉了自己要去哪儿。你随着和煦的微风自由地飘着……自由地呼吸……你发现生命原本可以这样的轻松……

一阵轻风从你晶莹的身子穿过，仿佛留下了这样一个信息：一个人只要拥有纯净的意识，就能进入自己心中神圣的殿堂，殿堂中央的宝座上，坐着的是你自己！你坐在宝殿上，俯瞰着整个宇宙，无数个行星在你的脚下运行……你开始感觉这纯净意识是从哪里来的？哦！你悟到了：有规律的注意力，可以提升我们的意志力，而意志力又可以掌控自己的意识，只要掌控了我们的意识，就能主宰我们自己的命运，自己的未来！透过意志力，我们让潜意识进入了意识，就是纯净的意识。这就是生命源头的意识。

在生命源头的意识里，你充满了无限的创造力。你不再被界定，就像一滴水落在宽广的意识海洋中，是我们自己的意识，创造了我们的当下！只有我才能使我自己快乐。我不再期待别人给我带来欢笑。我的快乐和微笑，能为这个世界带来一份温馨，一份爱意！而我的觉醒，能为整个世界的集体意识带来一束冲出黑暗的烛光。

慢慢地呼吸，缓缓地呼吸……你在感悟着生命，所有的思考都随着呼气消散。你尽情地享受现在的感觉——我很高兴我是我！

活着就是爱！你慈爱的能量从心中膨胀，什么都不存在，只剩下包容与爱的光芒！爱永无止境……你怀着对万事万物的爱，深深地呼吸着，晶莹剔透的身子徜徉在爱的怀抱里，持续地享受着静心与关爱……你能给予自己足够的爱，你将把爱的信息分享给身边的每一个人，让他们都能感悟到从你这里渗透出的爱……直到永远……继续深深地呼吸、缓缓地呼吸……

催眠深度测试

杨安催眠：在实际应用中，每一种催眠状态都有其适用范围。例如，轻度催眠能让被催眠者放松身心；深度催眠状态则能进行催眠舞台表演。

前文已提到，一般情况下，将催眠深度分为三个等级：轻度催眠状态、中度催眠状态、深度催眠状态。而大多数情况下中度催眠状态是比较适宜进行治疗的。在实际应用中，每一种催眠状态都有其适用范围。例如，轻度催眠能让被催眠者放松身心；深度催眠状态时能进行催眠舞台表演。因此，判断被催眠者处于何种状态是比较重要的。根据催眠的三个等级，有三种催眠深度测试。

1. 轻度催眠测试

这个阶段的特征是：被催眠者能自主运动，但不愿意动，没有力气睁开眼睛。测试的方法和引导词有以下几种。

（1）眼皮黏着测试

你现在呼吸均匀，感觉非常轻松。你的眼皮非常沉重，好像被胶水粘上了。你不想睁开，越要睁开眼睛，闭得越紧……好的，现在你尝试一下睁开眼睛，使劲、使劲……

（2）手臂抬举测试

现在，你让全身放松，将注意力集中于右手手臂（如果是左撇子，就暗示其将注意力放在左手手臂）。现在你的右手臂开始有沉重感，整个手臂显得越来越重，非常沉重……手臂像灌了铅似的，一点也不想动，完全用不上力气。越想抬起手臂，就越沉重。你试试看抬起你的手臂，使劲、使劲……

（3）手指交握测试

请你伸出两手，张开手指，互相交握，全身保持放松状态。现在，请将注意力高度集中在交握的手指上，放空大脑，什么也不要想。感觉一下你的手指，你的双手越握越紧、越来越紧……你的手指像粘在一起似的，不能分开，也不能伸直。越是想分开，反而握得越紧。你试试看，将两手分开，使劲，再使劲……

（4）手臂僵硬测试

现在，将你的左手臂侧横举，并握紧。你的注意力完全集中在举起的手臂上。想象你的手臂变得僵硬，越来越僵硬，渐渐地，不能弯曲，甚至完全无法弯曲，就像钢铁一样硬。越是要弯曲，手臂反而越坚硬。你试试看，自己的手臂还能不能弯曲。使劲，再使劲……

（5）腰部僵硬测试

请用最舒服的姿势坐在椅子上（或者躺在床上）。注意你背部的感觉。你感到背部很温暖，腰部像有一股暖流在流淌。这种感觉很好，继续体验这种感觉……慢慢地，你觉得身体很疲惫，腰部也越来越沉重了。整个人好像粘在椅子上（或床上）似的，非常沉重，越来越沉重……想要从椅子上站起来（或从床上坐起来），但是腰部非常非常沉重。好的，你现在可以试着站起来。使劲，再使劲……

2. 中度催眠测试

这个阶段的特征是：能出现幻觉和错觉，痛觉消失但有触觉，肌肉僵直、运动受到抑制。

（1）幻味测试

现在，想象一下，你的眼前摆着许多酸梅。梅子很新鲜，红红的、酸酸的。你的嘴里也酸酸的，好像吃了酸梅一样。继续体验嘴里越来越酸的感觉……

（2）幻嗅

现在，想象一下，你的面前摆满了香水，它们散发出浓浓的香气。将注意力放在鼻子上，你的鼻子渐渐地“闻”到一股香味。再仔细地感觉一下，你的鼻子闻到了很香、很香的气味，就像身处芳香的花海之中。集中注意力，仔细地闻，一股清香进入你的鼻子里。好的，现在你告诉我，闻到香水的气味没有？

（3）幻触

全身放松，将你的注意力放在你的手臂上。渐渐地，你感觉到你的手臂有点痒，越来越痒。仔细体验这种痒痒的感觉。现在说一说，你的手臂是不是很痒？

（4）幻听

现在，周围很安静，你静下心来，仔细听外面的声音。有一群苍蝇飞过来了，正在你周围“嗡嗡”地飞着。它向你的耳旁飞来，越飞越近，“嗡嗡”的声音越来越大。声音非常嘈杂，令人不堪忍受……现在你告诉我，有没有听到苍蝇发出的“嗡嗡”声？

（5）幻视

现在，想象一下，你在一片宽阔的草原上，远处可以看见朦胧的、淡青色的山峰，蔚蓝的天空中没有一丝云彩。看看远处的草原，辽阔的草原上绿草如茵。继续往前走，前面有一个美丽的花园。花园里盛开着许多美丽的花朵，有你见过的，也有你没见过的。看看那些花是什么颜色的？是什么形状的？

3. 深度催眠测试

这个阶段的特征是：能暂时忘记一些事情，失去痛觉和触觉，出现正性幻觉和负性幻觉。

（1）年龄遗忘

我现在开始数数。你一边听我数数，一边左右摇晃头部。当我数到 3 的时候，你会渐渐地想睡觉；数到 5 的时候，你就会进入很深的睡眠；数到 7 或 8 的时候，你会觉得头部越来越轻，脑袋里面空空如也，各种记忆都渐渐地淡化了；当我数到 10 的时候，说一声“好!”再把放在你头部的手拿开。这时，你头脑中原有的记忆将完全消失。好了，现在我开始数数。1——你的头脑越来越沉……2——你眼皮睁不开了，很困倦……3——你开始想睡觉了……4——你非常困，非常想睡觉……5——你已经睡得很深了，感觉很舒服，不过你还能听见我说话……6——你的脑中一片混沌……7——你的意识已经模糊不清了……8——你的脑中一片空白，什么都没有，就像刚出生时一样……9——你的记忆渐渐模糊了，暗淡了……10——（将放在催眠者头上的手拿开）、许多记忆都消失不见了……好，你已经忘记了自己的年龄，完全忘记了。现在，试着想一想自己的年龄，告诉我，你多大了？

（2）姓名遗忘

我要数数了，我会从 1 数到 5。当我数到 3 时，你的记忆力逐渐模糊，数到 5 时，我说一声“好”，然后放开放在你头上的双手。这时，你的记忆力将完全丧失。现在我开始数数了：1、2、3，你的脑中一片模糊，记忆力开始消散了……4——你的记忆力已经消失了……5（放开放在被催眠者头上的双手）——好，什么也想不起来了。你忘了自己的名字，不管怎么想，也想不起来了。越去想，就忘得越彻底，你已经完全忘掉了自己的姓名。告诉我，你是谁？

（3）年龄倒退

现在，我们来回忆过去。就从昨天的事开始吧。昨天晚饭你吃了什么？午餐又吃了什么？昨天早晨你做了些什么事？然后，想想参加学校毕业典礼那天的事。毕业典礼的那天发生了什么事？你穿了什么样的衣服？

那天的心情怎么样？好好体验那天的心情，保持着那天的心情。

接下来，时光开始倒流，你的年纪越来越小，身体也逐渐缩小。从一个青年，变成一个少年，变成一个小孩子……现在，你只有十岁了，你回到了小时候。时光继续倒流，你的年龄也越来越小了。这一年，你刚刚上小学，是个淘气可爱的小男孩（或小女孩），你今年几岁了？站在你旁边的人是谁？你能看清他吗？时光慢慢地倒流，你现在变得更小了，全身都在缩小，小小的手，小小的脚，像婴儿一样。你用婴孩的眼睛，看着周围的一切。你身边的大人是谁？他正把你抱起来，抱在怀里。他长什么样子？穿的什么衣服？被他抱在怀里，你正在做什么？正在想什么？告诉我。

（4）负性幻觉

（被催眠者已经进入了深度催眠状态）现在，请你睁开眼睛，观察一下周围的物体。但是，你并没有恢复清醒状态，仍处在很深的催眠之中。全身放松，看看你面前的桌子（桌子上放着一张纸，纸上放了一支铅笔，放在被催眠者的右前方；还有一支铅笔，放在正前方。催眠师指着桌子上的纸）。请看这张纸，再闭上眼睛。等一会儿，等你睁开眼睛，你已经看不见那张纸了，完全不知道它在哪儿？早就看不见了（催眠师一边说一边把纸抽出来，放在被催眠者正前方的铅笔下，原来纸上的铅笔还放在桌子的原处）。好，现在请你再次睁开眼睛，仔细地看桌子上，你已经看不见纸了，只看到铅笔，你看到了几支铅笔？现在，请你把没有垫纸的铅笔拿起来，交给我。

催眠唤醒技术

杨安催眠：催眠快要结束的时候，如果没有被唤醒的过程，人的意识容易陷入混乱，或者身体感觉到明显的不适。因此，催眠唤醒是比较重要的一步。

人在催眠过程中，呈现完全放松的状态，这种状态和平时的生活状态是不同的。因此，催眠后需要唤醒，让身体和心智过渡到平时的状态。就好像电影要有片尾，是为了让观众有一个“导出”的过程。尤其是在深度催眠的时候，如果没有被唤醒的过程，人的意识很容易陷入混乱，或者身体感觉到明显的不适。因此，催眠唤醒是比较重要的一步。

催眠后的唤醒通常被称为“催眠后暗示”，顾名思义，是通过暗示让被催眠者恢复意识。催眠的方法有很多种，最简单也常用的是数数法，就是暗示被催眠者会随着数字的增加（或减少）而越来越清醒。暗示的引导词如下。

现在，你依然觉得很轻松。我会叫醒你，让你恢复清醒的状态。在你恢复清醒状态之后，你很难想起在催眠时我所说的话，以及你所做的事。在你的记忆中，就好像自己只是舒舒服服地睡了一觉。下面，我要开始数数了，从 10 数到 1。数到 5 时，你的眼睛会睁开，但还没有完全清醒；数到 1 的时候，你会完全清醒。醒来后，你可以在椅子上休息一会儿。现在我开始倒数了：10、9，你开始慢慢地醒过来了；8、7、6、5，好，你可以睁开眼睛了；4、3、2、1，现在你已经完全清醒了。请继续坐在椅子上休息一会儿。

如此看来，这个过程其实并不复杂。不过，也许有人会有疑问：如果被催眠者产生抵触情绪，不愿意按照暗示醒来怎么办？事实上，人们很自然地就会依据别人所说的去行动。

假设你在公司里，同事要出去一趟，出门前对你说：“我的快递来的时候，帮我收一下。”如果快递来时他还没回来，你会怎么做？是不是很自然地去收快递。尽管你可能在工作、在交谈，但你想都没想就会去收快递。因为人在放松时，缺少一个强有力的反对理由，一般都会按照他人的指示去做。

催眠时也是一样的，催眠师说：“当电话铃响时，你可以去接电话。接电话时你就清醒了。”那么电话铃响时，在绝大多数的情况下，电话铃真的响起时，被催眠者会不假思索地接电话，自然就会被唤醒。

对大多数的人来说，只要告诉他们对某一线索做出反应，去做某件单纯的事情，一般当线索（暗示、行动指示，比如上一个例子中的电话铃）产生时，他们都会去做而没有迟疑。这种现象称为“社会依从（或者叫盲从）”，是人类的天性之一。所以尽管催眠后暗示非常重要，却也并不十分困难。下面就来看看一个不太配合的舞台集体催眠秀的参与者的报告吧。

> 我作为被催眠的对象，很快就进入了某种状态，当催眠师对我说：“你的眼睛睁不开了。”我对自己说：“其实我可以睁开眼睛。但我不想破坏现状，我想看看接下来会发生什么事。”当时我只是稍稍有一点迷糊，但是我确定我能睁开眼睛，只是没有睁开（其实这从某种意义上说，我的眼睛确实睁不开了）。
>
> 到了正式示范时，催眠师在全体观众面前催眠我们，暗示我们做出各种示范表演。到了催眠唤醒的时候，催眠师说，当你们脱离催眠状态之后，不会像平常一样，习惯性地直接走回座位，而是会先绕场一圈，再由礼堂的后方回到座位上。
>
> 在整个催眠过程中，其实我都能隐隐约约地知道发生了什么事情，并且一直都配合着催眠师的指示动作，但是在这最后的时刻，我在心中暗自决定：“我偏要直接走到座位上。”时候到了，我站起身来，走下讲台，朝着我的座位走过去，可是突然一阵子烦躁不安的感觉笼罩全身，我觉得非常的不自在，结果不由自主地乖乖绕场走了一圈。

这种现象看起来很奇怪：当他意识的意志（直接走回座椅）与催眠师

的暗示（绕一圈再走回座椅）有差异时，却发现，他的身体执行的是与他本人意愿相反的事。

像这种违反意志做某件事的现象其实并不少见，例如，吸烟、酗酒、发怒、打架的时候，你的意识会警觉地说："不能这么做。"可是有时候这也无法阻止你。也可以理解为，此时脑中的某一系统不听从高层系统的命令了。这也可以用来解释睡眠深度测试时的"手指交握测试"。若是能坚决的暗示一段足够的时间，双手自然就会合拢，即使意识想要阻止，即使你在理智上知道根本就没有任何道理。

最后需要强调的是，催眠唤醒看似简单，但在实际操作中，可能遇到各种复杂的情况。有时要依据实际情况做出相应的调整。有一些被催眠者，可能由于催眠时间过长，或者催眠诱导语不规范，被唤醒后有不舒适的反应。遇到这种情况也不要紧张，再做一次催眠加以解除即可。在将被催眠者被唤醒之前，加上一些良性的暗示，效果会好很多。例如，"你醒来以后，会精神很好，精力充沛，全身舒展，心情舒畅"等。

第五章 调和身、心、息，自我催眠练习

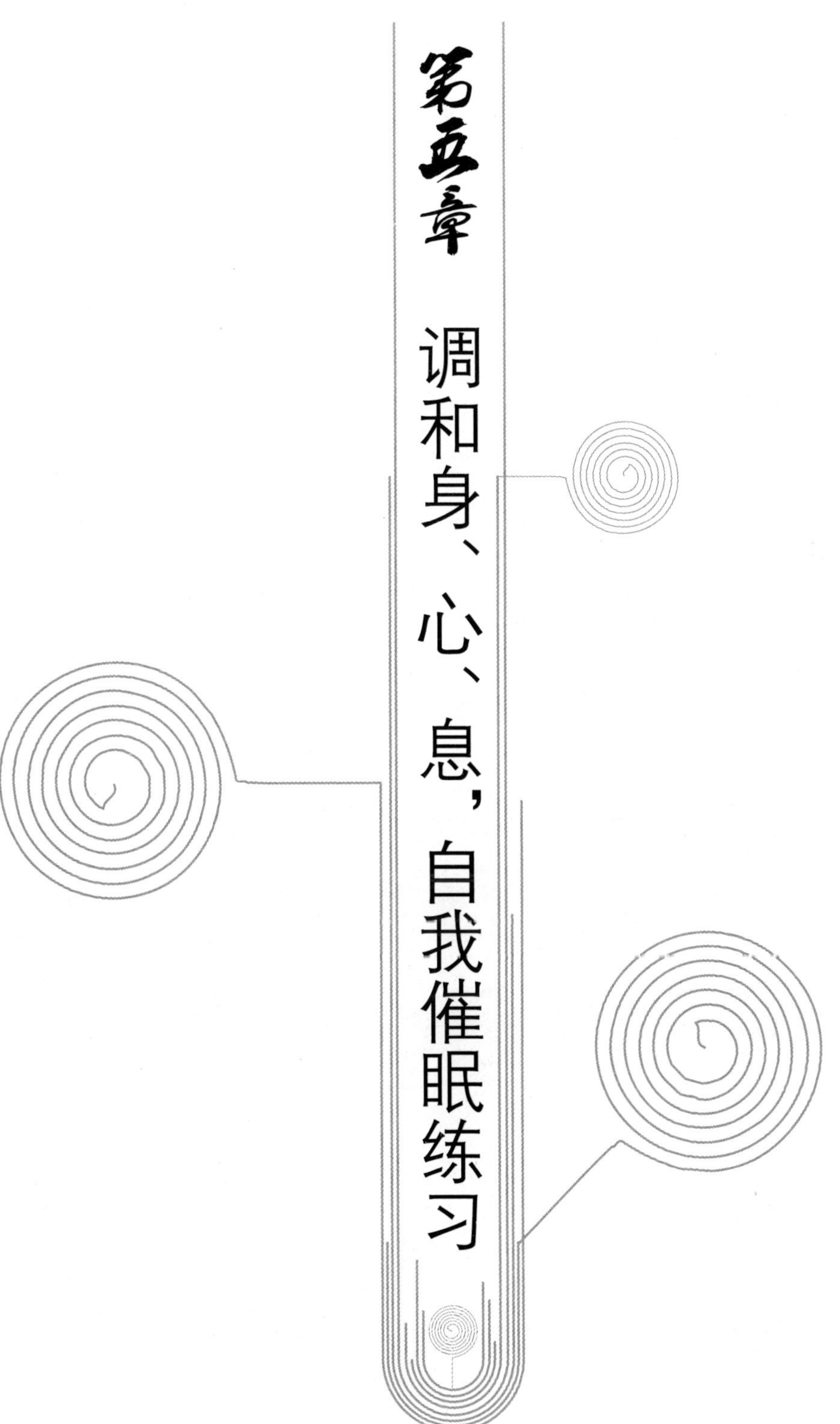

自我催眠能帮助我们在繁重的生活中找到温暖的、心灵的家。那么，怎样通过对身体、心灵、呼吸状态的把握，逐渐进入催眠状态？什么样的催眠引导词更有效能？初级催眠和高级催眠分别能达到什么样的效果？

沉重感练习

杨安催眠：沉重感，是全身的肌肉完全松弛后的感觉。只要放松下来，自然就产生沉重感。

催眠一个有趣的方面就是人们可以进行自我催眠。在练习催眠的过程中，我们可以体验催眠带给我们的安宁，掌握调整我们身、心、息的催眠技术，获得对自我的重新认知。要进入催眠状态，首先要进行沉重感的练习。下面介绍一种非常实用的方法，是德国心理学家约翰内斯·舒尔茨于1959年设计的，叫“自生训练”。这种方式是通过诱发练习者自身的某种感觉体验，达到放松、恢复体力、调整整体健康水平的效果。

自生训练的目的就是引出全身温暖、四肢和身体感到沉重等身体感觉，从而产生一种自动催眠的状态。这里所说的沉重感，是全身的肌肉完全松弛后的感觉，并不是疲劳后的酸重感。所以在练习时，只要放松下来，自然就产生沉重感。

自生训练的准备工作有：准备一个让你感到舒适的房间，关掉手机，摘掉饰品、眼镜、手表等物品，换上宽松的衣服，采取坐姿或者仰卧的姿势，全身放松，闭上双眼。在心里默默地告诉自己；这里很安全、舒适，我感觉很轻松，这个练习可以让我很舒服。然后，播放事先录制好的声音，并跟随声音的引导做练习。录音播放完，自生训练结束后，可以起身恢复常态，也可以继续做想象放松的练习。如果要做想象放松的练习，可以将引导词录制在自生训练后面，以便衔接；也可以用自由想象的方式做情境练习。

下面详细说一下沉重感练习的引导词，这些引导词需要由自己或他人事先录下来，也可以让他人在练习的现场说出来。在录制的时候，还可以根据自己的喜好，搭配冥想音乐。录制的语气要温和、缓慢。录制时每句话要重复4~5次，可以不和第一句完全一样，最好是相似的句子，例如第一句说“我的心情非常平静”，第二句就可以说“我的心情很平静”。重复很重要，可以深化我们的体验，完成沉重感练习。

现在，闭上眼睛，慢慢地呼吸……呼吸……呼吸……你的心情随着缓慢地呼吸渐渐平静……非常的平静（重复四五遍，以下都是这样）……

继续呼吸，请把注意力放在你的右胳膊上……（如果你是左撇子，请从左侧开始。如果练习时有不适感，或者刺痒感，可以先停止，重新开始练习）

好，现在请发挥你的想象力，想象你的右胳膊就像是一块正在吸水的海绵，在不断地吸水……随着你的每一次呼吸，你的右胳膊越来越沉重了……它渐渐地下沉……软塌塌的，很沉重……

好……现在请把注意力放在你的左胳膊上……慢慢地呼吸，你的心情越来越平静……

请发挥你的想象力……想象你的左胳膊就像是一块正在吸水的海绵，水越吸越多，很沉重……水越吸越多，你的左胳膊就像一块浸满了水的海绵，软塌塌的，越来越沉重，向下沉……向下沉……

随着你的呼吸，两侧的胳膊越来越沉重……真的很沉重……

好，很好……现在，请把注意力放在你的右腿上……慢慢地呼吸。想象一下，你的右腿就像一块吸水的海绵，越来越沉重……就像浸满了水的海绵，真的很沉重，向下沉，向下沉……

好，很好……继续慢慢地呼吸……现在，请把注意力放在你的左腿上……你的左腿就像一块正在吸水的海绵……正在吸水，不停地吸水……

你的左腿软塌塌的，像吸满了水的海绵，越来越沉……随着每一次，你的左腿变得越来越沉重……软塌塌的，很沉重……

随着你的呼吸……你的两条腿像浸满了水的海绵，沉重……很沉重……两条腿软塌塌的，像浸满了水的海绵，向下沉……

你的四肢都像浸满了水的海绵，软塌塌的……很沉重……越来越重……

好，非常好……记住此刻的感觉……在下一次练习的时候，你会有更加明显的感觉……

慢慢地呼吸，现在，你身体的感觉恢复正常了……慢慢地睁开眼睛……回到现实中来，完全回到现实中来……

缓缓地舒展一下你的身体，慢慢地向左、右晃几下头，你觉得很舒服，很自在……

以上就是练习沉重感的自生训练引导词。需要强调的是，先是胳膊，然后是腿的顺序不可以颠倒。习惯用右手的人从右胳膊和右腿开始训练，习惯用左手的人从左胳膊和左腿开始训练。刚开始练习的时候，可能感觉不是很明显，只要去捕捉哪怕是短暂的好的状态，慢慢地就能体验到沉重的感觉了。如果练习时无法找到感觉，也不要刻意强求，只要保持放松的状态就可以了；强求只会适得其反。通过一段时间的自生训练以后，就一定会一次比一次感觉明显，以后每次只需要十几秒钟或者几分钟就能进入轻松而快乐的催眠状态。

沉重感练习是“自生训练”的第一阶段。第一阶段的感觉找到后，第二阶段的感觉会很容易找到。自生训练一共分为六个阶段。第一阶段是“沉重感练习”，第二阶段是“温暖感练习”，第三阶段是“心跳调控练习”，第四阶段是“呼吸调控练习”，第五阶段是“腹部调控练习”，第六阶段是“额头调控练习”，下面会分别详细地介绍这六个阶段的自生训练。

上述的每个阶段的练习内容都应分别进行练习，练习者很快就能够在每个部位产生相应的感觉体验。这六个阶段并不是独立的，也不是随机排列的，而是考虑了难易程度和安全性后的合理安排。所以，我们要从第一个阶段开始，按照上面的步骤逐一进行练习。

温暖感练习

杨安催眠：做温暖感练习要反复强调四肢能够得到的温暖。这种练习能让温暖和爱意充满我们的身心。

通过“温暖感练习”，我们能驱散心中的寒冷，让温暖和爱意充满我们的身心，增加身体的舒适度。从科学上讲，人感觉到温暖是血管扩张的结果。温暖感练习是通过调节肌肉毛细血管的血液运行使血流量增加，从而解除身心的紧张状况。同沉重感练习一样，这一阶段的引导词也要有相应地重复。这项练习需要在第一阶段完全掌握之后再进行。下面就详细地介绍一下自生训练第二阶段——温暖感练习的引导词。

好，找一个舒服的姿势坐好或者仰卧……慢慢地深呼吸，慢慢地，呼吸……

非常好……现在，请慢慢地闭上双眼……呼吸……你的心情越来越平静……很平静……

现在，随着呼吸，请把注意力放在你的右胳膊上……很好，你的注意力在右胳膊上，你的右胳膊很温暖……很温暖……就像浸泡在温热的泉水里，非常舒服，非常温暖……随着每一次呼吸，你的右胳膊越来越温暖……越来越温暖……

很好，呼吸……请把你的注意力放在左胳膊上……左胳膊很温暖，就像浸在了温热的泉水里……温热的泉水流过你的左胳膊，很舒服、很温暖……你的左胳膊越来越温暖……每一次呼吸，都会感觉左胳膊越来越温暖，就像浸在了温热的泉水里……

好，就这样，呼吸……你感到两侧的胳膊都很温暖，越来越温暖……两侧的胳膊就像浸在温热的泉水里，真的很温暖……你喜欢这样温暖的感觉，呼吸……感受两侧胳膊的温暖……

慢慢地呼吸……你的心情更加平静了……呼吸时，请把注意力放在你的右腿上……你的右腿会感觉很温暖，越来越温暖，越来越温暖……右腿就像是浸在了温热的泉水里，感觉很舒服、很温暖……随着你的每一次呼吸，你的右腿越来越温暖……这种感觉非常舒服，就像浸在了温热的泉水里……

好，很好，继续慢慢地呼吸……呼吸时，请把注意力放在你的左腿上……现在，你的左腿会感觉很温暖、很舒服……你的左腿就像浸在了温热的泉水里，越来越温暖……随着每一次呼吸，你的左腿感觉很舒服，越来越温暖……就是这种感觉，像浸在温热的泉水里，很温暖……

好，体验这种感觉……你的双腿就像浸在了温热的泉水里，很舒服、很温暖……

你的四肢就像浸在了温热的泉水里，很舒服、很温暖……随着你的每一次呼吸，你的四肢感觉很舒服，越来越温暖。

好，非常好……体验现在的感觉……在下一次练习的时候，你会有更加明显的感觉，感觉到温暖……就是这样的感觉，记住此刻的感觉，在下一次练习的时候……你会感觉到更加温暖……

好，很好……现在，你感觉身体恢复正常了……完完全全地恢复正常了……

现在，慢慢地睁开眼睛，回到现实中来……

就在原地，看看周围的一切，慢慢地向左、右晃几下头，舒展你的身体……你觉得很舒服、很自在……

心跳调控练习

杨安催眠：我们可以通过调节和感觉心跳的频率和速度，快速达到放松的状态，缓解紧张。

通过一段时间的练习，熟悉了第二阶段的感觉之后，就可以进入第三阶段的练习。第三阶段是“心跳调控练习”。我们可以通过调节和感觉心跳的频率和速度，快速达到放松的状态，缓解紧张。要注意的是，这个阶段的练习一定要采取仰卧的姿势，这样才能细细体验内心平静的感觉，体验心跳平缓的感觉。下面就详细介绍一下心跳调控练习的引导词。和前两个阶段一样，每句话都需要重复四、五遍，甚至更多。这六个阶段都是如此。

找一个舒服的姿势躺下来，慢慢地调整呼吸……微微张开你的嘴巴，呼吸……一边呼吸一边闭上眼睛……当你闭上眼睛，你就开始放松了、放松了……你的心中很安宁，很享受这一时刻的平静……很好，就这样，在这一刻，把自己交托给自己的内心……就这样，让思绪自由地在脑海中滑过……很好，慢慢地呼吸，你的心情在渐渐地平静……你喜欢现在的状态，自由地呼吸……在呼吸的时候，你感觉到你的四肢很沉重、很温暖……你的四肢就像是浸在温水里的海绵，很温暖、很沉重……温水越浸越多，你的四肢越来越温暖，越来越沉重……你的四肢像浸满了温水的海绵，软塌塌的……你的四肢越来越沉重，越来越温暖，越来越沉重，越来越温暖……

很好，就这样……你的心情很平静，越来越平静……

保持呼吸，请把注意力放在你的胸膛上，你的心脏在平稳地跳动着，平稳地跳动着……每一次呼吸，你的心跳都更加的轻柔，更加的平缓……

感受这种平稳的心跳，你的心情会更加平静，更加放松……你的身体更加放松，非常放松，进入了最放松的状态……每一次呼吸，你的心跳都更加的轻柔，更加的缓慢……对，就是这样，很轻柔、很缓慢……

很好，就是这样，记住这种感觉，在下一次练习中你会有更加明显的感觉……

好，非常好……现在，你身体的感觉慢慢恢复正常了……请慢慢地睁开眼睛，回到现实中来……现在，请慢慢地坐起来，舒展你的身体，慢慢地向左、右晃几下头，你觉得很舒服、很自在……

呼吸调控练习

杨安催眠：通过呼吸调控练习，能让我们的呼吸达到流畅、深沉、平和。

当第三阶段的训练能够很好地完成之后，就可以进入第四阶段的训练了，这一阶段是“呼吸调控练习”。在自生训练的六个阶段中，本阶段是最容易的。在做呼吸调控练习时，要温习前几个阶段的感觉。这个阶段可以采取仰卧的姿势，也可以采取坐姿。呼吸调控练习可以帮助我们放松身心，对健康很有帮助。下面详细介绍一下呼吸调控练习的引导词。

现在，把身体调整到最舒服的姿势，我们开始练习调整呼吸……慢慢闭上眼睛，放松……很好，自由地呼吸，觉得自己就像一片轻盈的羽毛，自然地，呼吸……

渐渐地，你感觉四肢很温暖、很沉重……四肢像浸满了温水的海绵，软塌塌的，很沉重、很温暖……每一次呼吸，你的四肢像浸满了温热的泉水，很沉重、很温暖……

你的心情越来越平静，你的心脏在轻柔地跳动着……伴随着你的呼吸，你感觉到你的心跳很轻柔，很缓慢，很轻柔，很缓慢……你的呼吸很平和，很顺畅，越来越平和，越来越顺畅……

好，非常好，就是这种感觉，记住此刻的感觉，在下一次练习的时候，你会有更加明显的感觉……

现在，你身体的感觉恢复正常了，完完全全地正常了……慢慢地睁开眼睛，回到现实中来，完完全全地回到现实中来……

在原地轻轻地拍打你的身体，慢慢地向左、右晃几下头，你觉得很舒服、很自在……

腹部调控练习

杨安催眠：腹部是五脏之所在，将舒适感带到腹部，能更多地感受到生命的能量。

将第四阶段练习熟练之后，可以进入第五阶段的练习——“腹部调控练习”，它既可以辅助呼吸调控练习，又能通过调节腹部的交感神经和副交感神经，使胃、肠、肝脏等腹腔脏器的功能更加完善。对亚健康状态有很好的调节作用。下面详细介绍一下腹部调控练习的引导词。

好，现在调整一下自己的姿势，用最舒服的姿势躺好（或坐好）……慢慢调整一下呼吸，闭上眼睛，呼气，吸气……很好，缓缓地呼吸……渐渐地，你的身体放松了……每一下呼吸都会让你的身体更加的放松，放松……

很好，现在想象一下，你的身体前方出现了一缕阳光……伴随着缓慢、顺畅的呼吸，阳光越来越清晰，阳光的颜色，是你喜欢的颜色，想象一下阳光的色彩……阳光越来越清晰了，阳光照在你的腹部（想象阳光照射的部位，最好是在胸骨剑突和肚脐连线的中间位置）……阳光非常温暖，非常温暖……温暖的阳光照在你的腹部，很温暖、很舒服……好，就这样，静静地享受温暖的阳光……静静地，温暖的阳光照耀着你，你的腹部越来越温暖，越来越舒服……好，就这样，静静地享受腹部温暖的感觉……

很好，就是这种感觉，记住这种感觉，下次练习的时候，你会有更加明显的感觉……现在，阳光渐渐消失了，当你需要它时，阳光会再次出现……你身体的感觉恢复正常了，完全恢复正常了……

现在，请慢慢地睁开眼睛，舒舒服服地回到现实中来……缓缓地舒展你的身体，慢慢地向左、右晃几下头，你会感觉很舒服、很自在……

额头调控练习

杨安催眠：当人们心情快乐的时候，前额的温度是略有下降的。因此，额头调控练习可以提高人的身心愉悦感。

第六阶段是整个“自生训练”的最后一个阶段，也是相对来说比较复杂的阶段。将前五个阶段练习熟练后，才能进行第六阶段的练习。在练习时，要复习前五个阶段。据科学研究显示，额头的温度和人的心情息息相关。当人们心情快乐的时候，前额的温度是略有下降的。因此，额头调控练习可以提高人的身心愉悦感。下面是额头调控练习的详细引导词。

现在，我们来做额头调控练习，将自己调整到最舒服的姿势……微张开嘴巴，做几个深呼吸……缓缓地吸气，呼气……伴随着呼吸，闭上眼睛，你的身体渐渐地放松了，每一次呼吸，都会让身体更加放松……现在，请发挥你的想象力，想象你在一片自然风景当中……这里景色非常优美，是你最喜欢的风景，轻轻的风，吹在你的额头上……你的额头凉凉的，很清凉……微风吹在你的额头上，感觉很清凉……你的心情是前所未有的舒畅，你觉得无比快乐……你的额头很清凉，很舒服，很清凉，很舒服……这种感觉非常好，就是这样的感觉，下次练习的时候，你会有更加明显的感觉，记住现在的感觉……

现在，请和这片风景告别，当你想回来时，还可以回到这片风景之中……

你身体的感觉要恢复正常了，完完全全恢复正常了……慢慢睁开眼睛……舒舒服服地回到现实中来……就在原地，缓缓地舒展你的身体，慢慢地向左、右晃几下头，你感觉很舒服、很自在……

做到这个阶段的时候，可以将前五个阶段合起来做。从“沉重感练习”开始，到“温暖感练习”“心跳调控练习”“呼吸调控练习”“腹部调控练习”“额头调控练习”。也就是说，这六个阶段是一个完整的“自生训练”，在每个阶段都练习好之后，可以进行组合练习。随着感觉体验的增强，你会一次比一次更深入地进入放松状态。

这里介绍的引导词，如果喜欢可以直接用，也可以自己编写引导词。在自己编写引导词时，要注意语意要简单，语句要重复，哪怕单调些也不要紧。使用简单重复的引导词，是我们初期进行练习时，加强自身感知觉能力的有效途径之一。

自我催眠入门技巧

杨安催眠：做好催眠前的准备工作后，只要顺着自己的感觉走，就容易引导自己进入催眠状态。

催眠的基本要素就是让自己进入恍惚状态并施加暗示，可以把有效的催眠诱导和暗示录制起来，对自己进行有效地自我催眠。

想让自我催眠有效，首先必须有强烈的欲望；其次，要学会自我催眠的正确方式。对自我催眠的作用信任度越强，功效才能越快显现。最理想的状态是，停止思维和顾虑，完全相信催眠会发挥作用。打开自己的潜意识，接受暗示，是成功的关键。只要按照正确的方式多加练习，很容易掌握自我催眠的技巧。每一个步骤都不要强求自己，只要顺着自己的感觉走，就容易引导自己进入催眠状态。

在催眠前要做好准备工作：选择安静的、光线较暗的房间进行练习。穿着宽松的服装，将有碍于全身放松的眼镜、领带、手表、项链、戒指等摘下，关掉手机等干扰源。以最舒服的姿势，在舒适的沙发上坐好，或者在床上仰面躺好。如果有必要，可以准备催眠定时器，以便帮助你苏醒。

自我诱导的录音可以自己录制，也可以购买现成的资料，例如冥想音乐和催眠诱导词等。自我催眠大致有两种方法：第一种是逐步放松法，这种方法很适合初学者，可以让身体从头到脚慢慢放松，让感觉在身体中各个部位流动，暗示自己进入催眠状态。第二种是凝视法，凝视某物，如风扇、室内装饰品、墙壁的某一点等，然后植入诱导，想象美丽的地方，如草原、海滩，上下楼梯法……这两种方法都可以配合自生训练进行催眠。每个人可以通过尝试，根据自己的习惯和需求，选择适合自己的方式。

前文提到的“自生训练”是比较完备的入门方法。除此之外，再介绍几种自我放松的技巧。

将双手搓热，按摩一下面部和头部，然后从肩膀处按摩至手掌、手指处，进入冥思状态。开始想象：有一个很大的气球系在我的右手腕上。气球中充满了氢气，有强大的浮力，正在将我的手腕向上拉。我觉得，自己的手腕变得很轻、很轻，正在向上浮、向上浮……我的左手浸在温暖的泉水中，很温暖，很轻盈，我的手指在水中微微浮动……然后，想象左手也同样系着气球，浸在温热的水中（如果是左撇子的人就从左侧开始）。

接着想象：从手肘到肩膀，都在水的浮力及气球的牵引下，失去了重力，向上浮……两只手臂在胸前缓缓舒展，伸直。然后想象，在腰部、腹部和两脚踝处，都系上了充满氢气的气球，四肢浸在温热的泉水里，整个身子正在变轻，变轻……飘然欲仙，腾空欲起。

达到最佳状态后，就可以进行催眠唤醒。用左手象征性地“解开”右手、腰部、腹部及两脚踝上的气球，使全身恢复“自由活动”状态。同时暗示自己：现在，完全地恢复正常的状态了……此时，可以睁开眼睛，拍打按摩全身一遍。每一句暗示都要重复四、五遍。在整个过程中，呼吸要沉稳、均匀、悠长。

这些训练，如果单独进行，能保护大脑神经系统、调节情绪，开发潜在能力和情绪智力；如果将其当作深层催眠的前期训练，可以提高催眠的敏感度，让自己快速进入催眠状态，以便更容易地进入下一层催眠。

能够熟练地完成前期催眠诱导，进入催眠状态后，就可以对自己进行深层催眠的诱导。催眠状态越深，暗示的效果就越好。所以在做自我催眠时，自我深化是一个必要过程。基本原理是，利用外界刺激暗示自己进入更深一层的催眠状态。可以借助周围的声音，例如：当我听到狗吠声（车子经过的噪声、风扇发出的声音等）时就会进入更深的催眠；或利用数数法，每数一个数目就进入更深一层的催眠状态……自我深化技术在前文中已经详细讲过，可以参考前文。

在整个催眠完成之后，要对自己进行催眠唤醒。可以用一个定时器，告诉自己定时器响起时就慢慢苏醒；或者直接用暗示，例如用数数法暗示自己数到某个数目时就醒来，并且头脑清醒、精神抖擞，完全恢复正常的状态。催眠唤醒技术在前文也已经详细提到过，具体实施方法可以参考前文。

自我催眠中的高级技法

杨安催眠：催眠中的高级技法能通过暗示法调整自己的心

境，让所有的不愉快都远离自己，恢复内心的平和宁静，发掘出潜藏在自己潜意识深层的智慧和能量。

在我们的生活、学习过程中，难免会因为压力大等原因，产生情绪低落等不适感。这种状态如果长期持续，就会对我们的身体、心理健康造成不良的影响，形成“亚健康”状态，此时就需要我们消除障碍，寻找发挥潜在的能力和智慧的方式。催眠中的高级技法就可以在很大程度上解决这些问题。

进行高级催眠的场所和需要做的准备工作与入门技巧相同。其原理也是通过暗示法调整自己的心境，让所有的不愉快都远离自己，恢复内心的平和宁静，发掘出潜藏在自己潜意识深层的智慧和能量。

在一切准备工作就绪后，可以伴随着冥想音乐和相应的引导词进行以下想象：

想象的过程大致是：想象自己在一个云雾缭绕的地方，周围只能看到浓浓的云雾。云雾上方，恍惚能看到太阳。云雾代表障碍、压力和困难，太阳代表成功、创造和智慧的光芒。刚开始的时候，太阳比较朦胧，随着云雾渐渐消散，太阳变得明亮，放射出自由、幸福的光芒。

自我暗示的引导词如下（和其他暗示相同，每一句引导词都要重复3~5遍）：数3下，1、2、3，眼前出现云雾，云雾在我身体周围缭绕，我看见了云雾、云雾……右手的小指动一下，数3下，1、2、3……这些云雾对我的生活、学习等，构成了障碍……它代表不满、失败、压力、挫折，它影响了我的生活……这些云雾让人感到困惑、为难，使我的情绪感到不快。

现在，看这些云雾的上空，那儿出现了太阳。太阳很朦胧，有些看不清楚，但它的确存在……太阳好像离我越来越近了，它越来越清晰。阳光逐渐明亮，它代表成功、创造和智慧。阳光穿过云雾，穿过云雾……云雾开始蒸发，阳光照在我的肩上，暖洋洋的，我的肩膀感到很轻松……

太阳照射着云雾，它越来越亮了，越来越亮……云雾正在慢慢散去，散去……天空中只剩一轮红日，一轮红日。太阳光照在身上，暖洋洋的，暖洋洋的。太阳光照射进大脑中，脑海里一片光明，一片光明……这些太阳光代表着“自信、集中力、成功力、创造力”，以及我所希望的名称。

我的身体正在充分地吸收太阳的光芒，我的身体充满光明，它甚至发光……我数 20 下，就恢复正常的状态。1、2……20，睁开眼睛，苏醒过来，完全恢复了正常的状态。

以上训练时间需要 15 ~ 20 分钟，经常练习，可增强记忆力和精力，使自己具备创造性的气质和丰富愉悦的情感，使大脑的机能得到最大限度地开发。

上面这种方式是通过想象，将抽象的不良情绪转变成具象的物体，然后抹掉具象的物体达到效果。下面再介绍一种适合睡前进行的高级催眠技法，这种方式同样有缓解压力、帮助入睡的效果。最好能在晚上入睡之前进行，每天坚持就会有明显的效果。详细的自我引导词如下，不要忘记每句话要有相应的重复。

闭上眼睛，我的全身开始放松了。我的脸部放松了，我的表情是最自然的状态……

我的眼皮放松了，它睁不开了，渐渐睁不开了，就像粘在一起……

我的下巴放松了，它完全没有力气，它一点也用不上力，它没办法抬起来……

我的脖子放松了……我的肩膀放松了……我的手臂放松了……我的手肘放松了……我的手掌放松了……我的每一根手指放松了……

我的胸部放松了，我的呼吸更缓慢，更均匀，我的心脏更健康了……

我的腹部放松了，我的胃、肠、脾、脏更健康了……

我的背部放松了，从后颈慢慢地放松到脊椎骨，每一节的骨头都放松了，背部所有的肌肉也放松了……

现在，我躺在舒舒服服的床上。这种放松的感觉，走到我的大腿、膝盖、小腿，走到脚掌、脚底到每一根脚趾。这种放松的感觉，从头顶流经全身一直到脚底。我的全身都放松下来，我的内心很平静。

我好像进入了另一个世界（如果事先播放了冥想音乐，可以告诉自己：除了音乐的声音，我什么也听不见）。这里远离世俗，我不会受到任何干扰。其他外界的声音都会让我进入更深的催眠状态。我正在进入催眠状态。从现在开始，每数一个数字，我都会进入比现在深十倍的催眠状态。当我数到某数时我的潜意识就可以开始接受指令。当我输入这个指令，我的潜意识马上就能接收这个指令。输入这个指令后十分钟，我就会自己退出催眠状态，慢慢地恢复到清醒的意识状态。睁开眼睛时，我精神奕奕，体力充沛。

现在，我要开始数数了，100——我进入了比现在深十倍的催眠状态……99——我进入了比现在深十倍的催眠状态……98——我进入了比现在深十倍的催眠状态……97——我进入了比现在深十倍的催眠状态，96——我进入了比现在深十倍的催眠状态，95——我已经进入了催眠状态，潜意识接收这个指令："我会进入优质的睡眠，直到明天早上几点，我自然会醒来。我醒来时会精神抖擞、体力充沛。"

以上两种高级技法分别侧重于"能量唤醒"和"输入指令"，可以依据个人的接纳程度，依据环境来使用。虽然高级催眠能获得良好的效果，可是高级催眠需要经过初期的暗示训练、熟练掌握催眠技巧之后才能发挥作用。如果还不能熟练掌握催眠的技巧，或者没有太长的时间做深度催眠，可以采用更简单的"五分钟快速恢复精神法"。

先闭上眼睛，全身放松，双手轻轻地握在一起，想象手中有一个可以给你能量的宝物。观想那股能量正源源不断地从宝物释放出来，通过你的手心流到双臂，然后扩散到头部、四肢、全身，并充满身体的每一个细胞。醒来后，我会发现眼前是那么的光明，全身充满了活力。

接着，配合着均匀沉静的呼吸，用引导词暗示自己：从现在开始，我会从1慢慢数到10。每数一个数字，我的精神会越来越好，我的能量会越来越强。当我数到10的时候，我的身体将充满精神与能量。1——能量正源源不断地流向我的手指……2——能量充满了我的胳膊，我更有力量了……10——我的全身充满了精力，能量正在从我的身上焕发出来……

现在，慢慢睁开眼睛，左、右晃一下头部，看看周围的一切。

这样简短的催眠，可能前后只花五分钟而已，所以可以在一天当中多次进行，操作起来相对比较简便。指令可以适时更换。例如，可以换成“每天，在各方面，我都越来越好！”实施的整个过程和上面相同，先暗示自己数到21时会给潜意识下达指令，然后慢慢数到20，进入很深的催眠状态。数到21时，就给自己下达指令。催眠的方式多种多样，可以为自己选择一种适当的方式，并且全身心地信任，多加练习，一定能够发现奇妙的效果。

第六章 自我放松技术

只有在身心放松的状态下，催眠才能顺利进行。从另一个角度说，放松也有益于身心健康。在平时的生活中，我们要学会放松，让放松成为一种习惯。本章主要讲解了常用的一些放松方法。

冥想练习和实践

杨安催眠：“冥想”一词的真意就是空渺静默之念，是实现入定的途径。练习者可以通过冥想来控制心思意念，并超脱物质欲念，感受到和原始动因的直接沟通。冥想的真义是把心、意、灵完全专注于原始之初。

在大家的印象里，冥想只是安静地坐在那儿，似乎什么都没有想，看起来神乎其神。要想了解冥想，我们先来了解一下冥想这个词的真实含义：很多人都错以为，冥想就一定是以某种特定的方式在静思或静悟些什么。其实冥想的真实含义并非如此，“冥想”一词的真意就是空渺静默之念，是实现入定的途径。冥想的最终目的在于把人引导到解脱的境界。练习者可以通过冥想来控制心思意念，并超脱物质欲念，感受到和原始动因的直接沟通。冥想的真义是把心、意、灵完全专注于原始之初。

寻找初心，怎么能给身体带来好处呢？

在冥想静坐的时候，整个身体都处在全面休息的状态，尤其能让大脑得到休息。在平时，即使睡觉时，大脑也会通过做梦的方式进行活动。而静坐时，呼吸和心跳的次数减少，肌肉的紧张程度降低，人的新陈代谢水平下降，心脏泵血量降低，心跳减慢，血压也随之下降，因此，人体在静坐时所有的器官都得到休息。内在的焦虑感减少，影响内分泌，间接帮助降低胆固醇，减少了心血管疾病的发病率。此外，静坐还能治疗一些慢性呼吸系统疾病，例如哮喘等。

除了身体方面，冥想还能在心理方面帮助我们调整自我。

通过冥想，我们会在内心慢慢地建立起一个更好的自我形象。这一现象至今未有确切的科学解释，可能是因为静坐加强了脑部伽马波的活动，减少了抑郁、愤怒、自卑、恐惧等负面情绪的产生。出脱了世俗烦恼的人，自然会慢慢确立起“自己是富有生命力和魅力的人”的自我形象。而这样的自我形象带来了整个人格面的进化。一个快乐的、情绪稳定的、富有创意的人，必然也是一个处处受欢迎的人。这样的人自然也容易在外在世界中实现自我价值。

许多艺术家、需要创造性劳动的人，都在不断证明一件事：他们常常在冥想中得到灵感。因为静坐时，内心深处源自生命力的智慧会随着潜意识浮现出来。不论是艺术作品还是经营思路，常常会在脑中灵光一现。

那么，如何练习冥想才是行之有效的呢？先让我们来了解冥想练习前的准备。

首先，寻找一个幽静、不受外界干扰的地方，最好每天在同一时间同一地点练习，一定要持之以恒。练习时要选择舒适的姿势，可以长时间保持不动而又不疲倦的姿势。三种姿势比较有利于静心，一是坐，二是躺（常见于印度式冥想），三是站（常见于部分瑜伽功法和中国的气功站桩），练习者可以从中选择一种适合自己的姿势来修习冥想。一般来说，坐式冥想比较普遍。坐姿主要分为两类，端坐和盘坐，端坐是脚自然垂下的坐姿，盘坐是盘腿而坐的姿势（又分为散盘、单盘和双盘三种）。

练习前要做几个缓慢而深沉的呼吸，让自己平静下来。一旦确定了练功姿势，要长时间保持，身体不要松垮，然后执着地冥想自己的愿望。每天于早、中、晚休息时间，各冥想 15 ~ 20 分钟，持之以恒一定会有显著收效。

接下来，就是先去感知，然后去体会状态。对于初学者来说，“感知”是一件很难的事，因为你会发现自己思绪翻滚，一旦静下来脑中就充满了各种乱七八糟的想法。针对这一状况，不同的冥想有着不同的方法，这些方法归根结底都是为了同一个目的——把修炼者的思想集中到一个“点”上，使人的思想专注于一“点”而摒除其他所有的事物或思想。很多宗教中都有相似的修心练习，比如中国道家的“观想”和“意守”，佛家密宗的“持咒”，净土宗的“念佛”和禅宗的“数息”。

究竟该如何去意会冥想中的“感知状态”呢？在冥想入门阶段，可以通过调整呼吸的方法进入冥想状态。

1. 随息法

意念随着呼吸自然出入，心息相依，意气相随，不加以人为的干涉。

2. 数息法

默念呼吸次数，从一数到一百，数到偶数时呼气，数到奇数时吸气。

3. 听息法

两耳静听自己的呼吸声，排除杂念。

4. 观息法

想象自己在观察、体会每一次呼吸。

5. 止息法

通过以上任何一种方法的习练，久练纯熟，形成一种柔、缓、细、长的呼吸。呼吸细若游丝，若有若无，称止息（也叫胎息）。

6. 禅语入定法

在心中反复默念“独坐小溪任水流”，并且在脑中体会、联想其意境。

7. 松静入定法

吸气时默念“静”字，呼气时默念“松”字。

8. 观心自静法

用自己的心去观看、体察、分析自己的思绪杂念，任杂念思绪流淌，不加干涉。如此，时间一长自然会归于定静。

还有另外一种方法——“定观信物法”。就是将注意力集中在某一点上，让思绪不会胡乱纷飞。长时间练习后，便能达到“见物非物”的程度。

首先挑选一个小东西用来做“信物”（最好是便于携带的东西），然后以舒适的姿势坐下或半躺，将“信物”放置在面前。放置的距离不宜太远或太近，以40～50厘米为宜。把你的思想专注在“信物”上，用平静柔和的眼光专心地凝视着它……一直看到“出神”，看到“视而不见”“听而不闻”，就已经找到了初级的“感知状态”。然后，去熟悉它、亲近它、体会它和品味它。因为“信物”携带方便，因此可以随时随地经常练习。

当你已经可以做到不用凝视，哪怕是闭着眼睛也可以有那种感觉的时候，就可以进入第二层练习了。

练习时依然采取坐姿或是躺姿，闭上双眼，带着上一阶段已经掌握的“感知状态”去做一件你喜欢的事情。比如，听某种音乐或闻某种燃香，或感觉自己的呼吸气息，或默念自己最喜欢的一个词、一句话（诗句或佛号等），或感觉自己身体的某个部位……这个过程叫“感知状态”的积累和蜕变。

将这种练习坚持下去，有一天你会发现，自己有了全新的与过去完全不一样的感觉，这就是“连绵不断的感知状态”。你能感觉到“爱”和内在“声音”与“光芒”对你的召唤。获得了“连绵不断的感知状态”之后，就可以进入第三层的练习了。

严格来说，第三层的境界才叫真正意义上的冥想。前两层只是打基础的“准备活动”，目的只有一个——获取“连绵不断的感知状态”。练习第三层境界，就是要保持这种“连绵不断的感知状态”，坐下来，开启“内在的智慧与喜悦”的冥想。

此刻，要将过去的所有做法全部抛掉，无须持咒、随息、意守、观察，不再做任何事情，这就叫“无为至简”。什么也不理什么也不做，一切念头任其来去，不纠缠、不参与、不跟随、不纵、不迎、不拒。唯一要做的事就是“傻傻呆呆”地“等待”——“等待”空渺静默之念从意识层次过渡到心灵层次，完成“渐进”中的量变妙化。

这一阶段相当关键，无论身体或意识出现什么感觉（比如，身体某处发热、发胀、发紧跳动或意识里出现什么境界、什么幻象等），无论好与坏，通通别去理会它。否则将误入歧途，无法完成“感知状态”的积累，并退至第二层境界。这一阶段难就难在不懈的坚持和漫长的“等待”，所以请一定要坚持做下去。

音乐放松法

杨安催眠：人处在优美悦耳的音乐环境之中，可以改善神经系统，促使人体分泌一种有利于身体健康的活性物质，培养健康的情感和协作精神，促进个人的自我表达，开发创造性思维。

冥想音乐就是通过音乐的韵律，让人们获得轻松、愉悦的身心体验。音乐放松疗法是心理辅导的重要手段，可以预防和治疗身心疾病，调适不良情绪，培养健康的情感和协作精神，促进个人的自我表达，开发创造性思维。

那么，音乐放松疗法是通过什么原理达到这些效果的呢？

从生理上来说，音乐声波的频率和声压会引起人的生理反应。

音乐的频率、节奏和有规律的声波振动，是一种物理能量，而适度的物理能量能引起人体组织细胞发生和谐共振。这种声波引起的共振，会直接影响人的脑电波、心率、呼吸节奏等生理变化。科学家认为，人处在优美悦耳的音乐环境之中，可以改善神经系统、心血管系统、内分泌系统和消化系统的功能，促使人体分泌出一种有利于身体健康的活性物质。

从心理上来说，音乐声波的频率和声压会引起心理上的反应。

愉快的音乐能提高大脑皮质的兴奋度，改善人们的情绪，激发人们的感情，振奋人们的精神；同时，有助于消除紧张、焦虑、忧郁、恐怖等不良心理状态，协助人放松及调适压力，达到身心舒畅的目的。

在听音乐之前，也要选择一个舒适的环境。可以靠在椅子上，微闭着双眼，准备聆听优美的音乐。如果是在阳光强烈的夏日，可以戴上眼罩，让自己更加放松。

听什么样的音乐才最合适呢？平时我们都会根据个人喜好，选择能让自己放松的音乐。不过，音乐放松治疗不同于一般的音乐欣赏，它是在特定的环境气氛和特定的乐曲旋律、节奏中，使病人心理上产生自我调节作用，从而达到治疗的目的。从科学角度来说，每个人对音乐的反应不同。根据年龄、健康状况、生活方式等因素的不同，对于音乐的选择也要因人而异。合适的音乐治疗，常可取得很好的疗效，例如：

1. 忧郁的人宜听有美感的、略显忧伤的音乐

不管是略显忧伤的圆舞曲，还是其他有忧郁成分的乐曲，都是具有美感的。当人的心灵沐浴在这些乐曲的“美感”之中，自然会慢慢消去心中的忧郁。这是科学的、效果明显的方法。

2. 性情急躁的病人宜听节奏慢、让人思考的乐曲

节奏较慢、意境辽远的抒情音乐，能让人放松紧张的神经，克服急躁情绪，还能对周围的嘈杂视而不见。一些古典交响乐曲中的慢板部分，属于节奏慢的音乐。

3. 悲观、消极的病人宜多听宏伟、粗犷和令人振奋的音乐

音乐中传递出来的坚定的、无坚不摧的力量，能刺激倾听者“软弱”的灵魂，使其精神振奋、重塑自信，认真地考虑和对待自己的人生道路。

4. 记忆力衰退的病人最好常听熟悉的音乐

听熟悉的音乐，有助于记忆力衰退的人恢复记忆。熟悉的音乐往往是与过去难忘的生活片段紧密联系的。哼起那些歌和音乐，就会回忆起难忘的生活；想起难忘的生活，就会情不自禁地哼起那些曲调。

5. 患原发性高血压的人适宜听抒情音乐

实验表明，听抒情味很浓的小提琴协奏曲后，血压会下降。患原发性高血压的人需要平静，忌讳那些让人激动的、过于热情的音乐。

6. 产妇宜多听带有诗情画意、轻松优雅的意境的音乐

抒情性强的古典音乐和轻音乐都对产妇有益。

这些乐曲可帮助产妇消除紧张情绪，使心情放松、充满信心；还能减少孕、产过程中的疼痛感，有利于生产。产妇绝对不宜听那些节奏强烈、音色单调的音乐，例如迪斯科音乐。

运动放松法

杨安催眠：适当的运动可以保持身心健康、宣泄不良的情绪、调节心情。

生活中各种俗事难免让我们的心灵暂时蒙上阴影，不良的情绪也就得以滋生。为了保持身心健康，及时宣泄这些情绪是很重要的。运动是调节心情的一种方法。大家可能都有过这样的体会：酣畅淋漓地打一场篮球，好像烦心事减少了一半；千辛万苦爬到山顶，心情也开阔爽朗了不少。在空闲的时候，我们可以根据个人的喜好，选择能让自己舒心的运动。下面详细介绍四类有益的运动。

1. 游泳——帮助我们消除忧郁

地球上所有的动物都起源于水中；我们在母体内时也是徜徉在水的世界中，所以，人对水有着天生的亲近感。水能让我们充满安全感，好比回到了母亲的怀抱。面对各种忧愁、压力，我们需要和自己的内心对话。自由地在水中漂浮、游动时，不妨想象自己是一条深海里的鱼。在阳光照耀的蔚蓝的游泳池里，让我们的内心亲近水的声音吧。闭上眼睛，感受水和身体的亲近，感受水就像是我们最坚实的后盾。不妨躺在蔚蓝的水中仰望蓝天，想象海阔天空，让思绪飞扬，让内心和运动交流，让郁郁寡欢和杞人忧天变成前进时游动的水花。

2. 慢跑——提高耐心，消除急躁的情绪

屡教不改的孩子、难以沟通的下属、只会添乱的同事、挑三拣四的上司……很多人和事，都会导致我们急火攻心、心浮气躁。心情暴躁的时

候，往往就会被情绪控制，做出不理智的行为。二三十分钟的慢跑，可以让人精神愉快、气定神闲。长期坚持慢跑，能让人改掉莽撞、浮躁的坏习惯。清晨或傍晚，不妨一边听着音乐，一边慢跑，享受一下耐力之旅。让自己沉静下来，总能找到更好的解决问题的方法。

3. 打高尔夫——减轻压力

很多国家医院的墙壁都被刷成淡淡的绿色，因为淡绿色能排解苦闷的心情。高尔夫球场上绿色的草地不但有助于缓解眼部疲劳，还有明显的镇定作用，可以疏解内心的压力。打高尔夫的时候，需要大幅度地挥杆，全身扭转，举目远眺，不但能锻炼全身的肌肉，还能将烦躁的心灵带入一个全新的、广阔的视野之中。

4. 打网球——发泄出心中的压抑感和愤怒

网球运动排汗多、消耗大，对发泄情绪、振作精神很有帮助。深呼吸后，将球用力击打出去，就能将内心深处的不满和怒气发泄出去。打球的时候，用心关注于目前这个最简单的动作，全力以赴地击球，想象在生活中遇到的各种难题，我们也能用同样的精神去面对。

当然，除了上述四种方式，还有很多可供选择的运动方式。几乎任何一种运动都能给我们的身心带来益处。不过，健身与运动的过程只是让自己焕发青春和活力的第一步，要想达到放松的效果，还需要完成放松后的整理活动。

在做剧烈运动时，无论怎样加强呼吸也满足不了运动时对氧的需求。因此，运动结束后内脏器官会持续工作一段时间，来补充运动时氧气的缺失。若立即坐下来休息，会阻碍下肢血液回流，影响血液循环，造成暂时性贫血及血压突然下降的不良反应，加重机体疲劳。

运动后的整理活动有助于人体由激烈的活动状态转入正常的安静状

态，使静脉血尽快回流到心脏，加快整个机体的恢复，防止出现急性脑贫血、血压降低等现象。整理活动能消除疲劳、让身体感到轻松。放松的方法也很多，可以根据自己的习惯和其他条件自由选择。

慢走是激烈运动后最常见的放松方式，不仅简单易行，而且效果显著。

抻拉肌肉10分钟左右也是有效的放松方法。伸展运动对消除紧张非常有益，它可以使全身肌肉得到放松。做抻拉的时候，蹲、坐、站都可以（如果要坐下来，一定要在地上铺上海绵垫，防止地上的湿气侵入身体，否则会使正处于脆弱状态的肌肉、关节出现更严重的酸痛感）。

如果真的非常累，也可以平躺片刻，让脚的位置略高于头，或与头的高度持平，然后依次抖动、拍打大腿、小腿、上臂、前臂上的肌肉。

用轻松的、不费力的徒手操来放松肌肉，也可以帮助人体从激烈的运动状态逐渐过渡到安静的状态。

以上说的运动方式有一定的时间和场地的限制。针对办公室白领出现的腰酸背痛的情况，也有相对静态、简便易行的运动方式。下面介绍几种帮助办公室一族减轻疲劳、放松自我的方法。

眼睛放松法即闭目转动眼球。先按顺时针方向转动六次，再按逆时针方向转动六次。然后睁开眼睛眺望远处，例如窗外绿色的草坪或树木。两三分钟即可起到保护视力、休养身心的效果。

放松全身是按照一定的顺序，分别让身体的各个部分得到放松。其顺序为：头部、颈部、上肢、胸腹、背、大腿、小腿。接着再采用倒行放松的方式，将刚才的顺序反过来，分别放松肢体，连续做3次。

放松颈肩能让人感觉到压力的消除。坐在椅子上即可做这项放松运动，缓慢地用力挺胸，使双肩向后张开；慢慢恢复原状后再反复做10~12次。然后做耸肩动作，左、右肩各做12次。

放松手指能让人心灵宁静。将双手放在大腿上，掌心向上用力握拳，然后按拇指、食指、中指、无名指、小指的顺序依次伸开手指，左、右手各做 12 次。

放松腿部的同时还能够锻炼腹部的肌肉。这项运动也是坐在椅子上就能完成的。抬起脚尖，脚跟着地，同时用力收缩小腿及大腿肌肉；然后用力抬起脚跟，脚尖着地，小腿及大腿肌肉保持收缩 15 秒再放松，如此反复做 5 分钟。

饮食放松法

杨安催眠：饮食放松法有利有弊，我们可以通过健康的饮食放松自己。

大概每个人都有过这样的体验：每当心情不好的时候，买一大堆零食或者去饭店大快朵颐一番，心情就会好很多。因为人在吃东西的时候，的确能够放松心情。良好的生活状态来源于良好的心态，积极乐观的心态可以让肌肉、骨骼和器官都自然而然地处于松弛的状态，有利于身体各项器官的恢复和修整，所谓气畅则百事顺。

不过，在生活中为了升值加薪、为了学业有成，人们大多数时候都处在紧张的状态中，想要缓解自己的压力，似乎又没有太多的时间。由此看来，吃东西确实是最简单的放松方法了。不过暴饮暴食是不提倡的，那就让我们来看看怎样通过健康的饮食放松自己吧。

1. 含有钙和镁的食物有助于放松神经，钙、镁并用可成为天然的放松剂和镇静剂

钙含量丰富的牛奶被公认为“助眠佳品”。此外，坚果类食物中镁含量较多。核桃常被用来治疗神经衰弱、失眠、健忘、多梦等症状。人们常吃的干果还有开心果、榛子、腰果、榧子、白瓜子、葵花子、花生、松

子、栗子、莲子、巴旦杏、芝麻、胡桃、喀什巴丹木、扁桃、无花果、大枣、葡萄干等。这些食物同时食用，效果会更好一些。不过，全麦面包会影响牛奶中钙质的吸收，这两种食物要间隔食用；坚果的热量高，如果需要保持体重，一天的食用量不宜超过十二个。

2. 黑巧克力可以缓解心理压力，让人产生愉悦感

巧克力中含有的可可碱，是一种温和的兴奋剂；其中的内源性大麻素，对大脑产生的作用和大麻相似；而可可多酚除了具有很强的抗氧化功效外，还能帮助人们克服焦虑情绪，缓解压力。正因如此，在“9・11”事件之后，美国的巧克力销售量上升了30%。不过，巧克力的含糖量普遍偏高，长期吃很可能得糖尿病，并且会因为摄入了过多的热量而变胖。所以，应选择可可成分在70%以上的黑巧克力。

3. 含有维生素的食物能消除烦躁、增加抗压能力

人体的精神紧张，是由于神经过度兴奋引起的。含有维生素 B_6 的食物可以起到镇定神经的作用，舒缓平和的心情；维生素C能提高人体的抗压能力。维生素 B_6 含量多的食物有香蕉、啤酒、坚果、全麦食品（燕麦、大麦、糙米、全麦面包、全麦饼干）、杂粮、麦麸。

缺乏维生素 B_6 时，人会感觉疲劳乏力、虚弱失眠；缺乏维生素 B_{12} 时，老人和孩子易出现精神异常、抑郁、嗜睡等状况。虽然杂粮不可或缺，但也不宜天天吃、顿顿吃。除了肠胃不宜消化，还会导致缺乏必要的脂肪酸、优质蛋白等营养。若每天吃维生素C超过2000毫克，长期下去有可能将肾脏吃坏。动物肝脏中也含有丰富的维生素 B_6，不过肝脏是解毒器官，里面含有饲料中的防腐剂、生长素等。人类吃了动物的肝脏以后，只会增加我们肝脏的负担，所以不建议食用。

4. 甜食很容易让人产生快乐的感觉

蜂蜜、果酱、冰激凌等甜食能让人放松，产生快乐的情绪。不过，甜食中的热量很高，不宜吃太多。舌尖是对甜味最敏感的部位，吃甜食的时候，将食物放在舌尖上更能体验到甜食带来的快乐。

5. 碳水化合物能提高体内血清素的水平，改善你的心情

碳水化合物的主要食物来源有糖类、谷物（如水稻、小麦、玉米、大麦、燕麦、高粱等）、水果（如甘蔗、甜瓜、西瓜、香蕉、葡萄等）、干果类、干豆类、根茎蔬菜类（如胡萝卜、番薯等）等。

此外，绿茶可以放松人的情绪，因为其中所含的茶氨酸进入脑后使脑线粒体内多巴胺显著增加，调节机体和精神处于轻松愉悦的状态。鲑鱼中含有的鲑鱼脂肪酸能够有效地缓解压力。

按摩放松法

杨安催眠：传统的中医按摩有丰富的手法，下面介绍一些头部、颈部、肩部的简便易行的按摩法。

办公室一族在忙碌了一天后，常常会出现脖子发僵、发硬、肩背部沉重，甚至有头痛、头晕、视力减退等症状。这时一定要注意保养自己的身体，以免积劳成疾，影响健康。按摩是以中医的脏腑、经络学说为理论基础的治疗方法，能使肌肉中的乳酸尽快排除，有助于消除酸痛和疲劳。

按摩时，既可以用叩打和抖动等手法，也可以进行点穴按摩。比较简单的按摩方法是借助康复器械，例如电动按摩棒、按摩理疗床等；如果条件允许，还可以去专业的按摩机构接受按摩；也可以与同伴互相按摩或自

己按摩。这些按摩方式均能达到改善血液循环、缓解肌肉紧张、解除疲劳、减轻疼痛、提神醒脑的效果。

按摩的手法有推摩、摩擦、揉、揉捏、搓、按压、叩打、抖动、运拉、滚法、弹筋、分筋、理筋、切、板、背。在操作时，不能忽重忽轻，要从轻按开始，由轻到重，循序渐进，力量平稳，逐渐过渡到推拿、揉捏、按压和扣打，还可配以局部抖动，最后要以轻柔手法结束。

按摩一般按照淋巴液和静脉血液回流的方向进行，可以增加肢体血流量和营养供应，促进疲劳的消除。也就是说，按摩应从远离心脏的部位开始进行，即从脚、大腿到腰背，从手、小臂、上臂到胸部。上肢从手向上；下肢从脚向上；腹部逆时针；腰部向两侧；背部向上斜方；肌部向下；胸肌向胸部外侧。

一个部位的按摩时间一般在 10～15 分钟，不超过 25 分钟。对劳损性的损伤，如腰肌劳损等，时间可酌情增长。对运动后的全身按摩则需半个小时以上。下面详细介绍头、颈、肩的几种简单按摩方式。

1．“头面按摩”的方式

（1）点按风池穴

用大拇指的指腹点按风池穴。

（2）按揉太阳穴

当人们长时间连续用脑后，太阳穴往往会出现重压或胀痛的感觉。这时施以按揉效果会非常显著。用手掌顺时针和逆时针各按 36 次，可以给大脑以良性刺激，保持注意力集中。

（3）点按百会穴

用右手拇指尖在百会穴点按，待局部产生重胀麻的感觉后，立即改用拇指腹推摩，如此反复交替进行约 30 秒。紧接着用掌心以百会穴为轴心，均匀用力按压约 30 秒。这种按摩能让大脑恢复兴奋，继续投入紧张的工作中。此种方法高血压患者不适用。

（4）天门开穴法

用两手大拇指的指腹分别紧贴于印堂穴，双手余指固定头部两侧。左拇指先自印堂穴垂直向上推移，经神庭穴推至上星穴，然后两拇指呈左下、右上，左上、右下的方向，同时交替推摩。手法由慢到快、由轻至重，反复推摩约 1 分钟。此时推摩部位产生热感，并向眉心集中。

（5）玉锤叩击法

以指尖作锤，双手同时从后向前、从左至右叩击整个头部，反复依次紧叩，不要遗漏。叩击时由腕部发力，甩力均匀，不可太重，也不可太轻，以有较强的振荡感而不觉疼痛为度。整个过程需持续 1 分钟左右。

（6）十指梳理法

以指代梳，指尖着力于头皮，双手同时进行，从前额开始呈扇状自前向后推摩。手法以揉为主，轻重要适度，柔中带刚。按摩 1 分钟，头部就会有明显的轻松舒适感。

（7）抚摩静息法

用双掌分别摩头、摩面、摩颊。手法要轻柔，约持续 1 分钟。

2. “颈部按摩”的方式

（1）阻拦法

双手十指交叉放在颈部，头用力向后或左右抻，手用力阻挡。通过两个方向力的较量，可舒缓颈部肌肉。

（2）捶打法

将五指并拢握成空拳状，上下交替有节奏地击打颈部。击打时用力要稳，由轻到重，切忌实拳捶打。叩击的速度要均匀，一般为每分钟 50 ~ 100 次。

3. “肩部按摩”的方式

（1）敲击肩井穴

当你觉得紧张得肩膀酸痛脖子也不舒服时，用左、右手掌的大鱼际（人的手掌正面拇指根部，下至掌跟，伸开手掌时明显突起的部位）分别敲击两侧的肩井穴10～30次，能明显缓解肩部的紧张感。

（2）骨间按摩法

按摩的位置在肩膀的最高处，即肩胛骨上方和锁骨之间。用两个大拇指从脖子的方向，一前一后向胳膊的方向按压10～15次。

（3）八字按压法

双手重叠，用手后掌沿肩胛骨的轮廓，画8字，8～10次。双手微拢，指尖用力，沿肩胛骨下方，左右分别按摩8～10次。

头、颈、肩是工作中最容易感到劳累的部位。以上介绍的是一些简单易行的按摩放松法，无须花费太多的时间，就能够减轻身体的疲劳。但是，按摩也有禁忌，以下人群是不适合按摩的。

肿瘤患者不宜对肿瘤部位进行按摩；

妇女的妊娠期和月经期不能进行腹部、腰部按摩；

闭合软组织损伤急性期者不宜按摩；

骨折、关节脱位的人不宜按摩；

有血友病，紫癜病，出血趋向，皮肤病，皮肤破损、淋巴结、淋巴管炎、脓肿等疾病的患者不宜按摩；

椎间盘突出压迫到脊髓引发了相应症状的人不宜按摩。

瑜伽放松法

杨安催眠：瑜伽尽管是舶来品，却受到人们广泛的推崇。瑜伽有三种常用的放松技法——训练法、意境法和休息法。

瑜伽是一种古老的养生方法。练习瑜伽时，大脑内平时因精神刺激而积蓄的各种神经能量就容易消散掉。在这种力量消散的同时，大脑和肌体里本来就有的生物能量就容易生出来，实现全身的和谐，恢复轻松感。

瑜伽有三种常用的放松技法：训练法、意境法和休息法。

练习者可以根据自身情况来选择放松的方法。前两种是比较简单的放松方法，适合没有太多时间做放松练习的人；而休息法是循序渐进的，可以达到全面的放松。进行时间越久，效果也会更好。

1. 训练法

这种方法主要是通过瑜伽的调整姿态（调身）、呼吸（调息）、意念（调心）而达到松、静、自然的放松状态。紧张和放松都是人类的情绪，紧张的情绪能够帮助我们面对挑战与事件，发挥我们的所有潜力；而放松则让我们休养生息、安顿自在。现代的生活节奏越来越快，常让人们处于一种紧张的状态之中，从而无法放松，导致人们的心理健康受到了影响。下面介绍“呼吸放松法”的训练。

找 个安静的、空气清新的环境，用放松的姿势躺下或坐下。闭上眼睛，冥想放松：我的身体开始完全放松。吸气，感觉气息从脚底流向头顶，就像温暖而缓慢的水波，让紧张随着每一次呼吸流出体外。将注意力集中到左手的手指上。吸气，并感到这种气息贯穿手指，接着上到左臂；呼气，放松手臂。每一次呼气，都更加放松……现在注意你右手的手指，吸入，气息上到手臂，呼气，越来越放松。

现在，将注意力集中到左脚的脚趾上。吸气，感觉到这种气息向上移动到腿的根部。呼气，左腿非常的轻松。现在，注意右腿，感觉气息像波浪一样流向右腿根部。呼气，右腿非常沉重，完全没有力量了。每一次吸气，腿部所有的感觉都变得更清晰；每一次呼气，腿部就更加放松。当气息贯穿全身时，倾听气息波浪的声音。

现在将呼吸和注意力向上带进你的臀部和骨盆。吸气，感觉骨盆很轻、很轻；呼气，感觉骨盆沉入大地休息……每一次吸气，气息从骨盆的底部向上，逐渐汇入腹部；每一次呼气，骨盆更加放松。这种气息的波浪充满了整个腹部。此刻，能感觉到腹部的起伏。随着每一次呼气，腹部都变得柔软。腹部是如此柔软，似乎能下达到背部，并将气息带到那里。

让气息和注意力上流进脊骨。每一次吸气，脊骨的感觉越加清晰；每一次呼气，脊骨都得到充分的放松，感到气息贯穿了整个背部。吸气，注意感觉；呼气，完全放松。

现在，将注意力放在腹部的起伏上，让气息向上进入心脏和肺部。随着每一次呼气，放松感越来越深，直到心脏的中心。

移动气息，进入颈部和喉咙。呼气，让所有的紧张释放掉。

让气息向上流入头部。吸气，清晰意识到这种感觉；呼气，放松下巴、眼睛、前额、头的后部，内耳变得柔软。感觉整个身体被来自脚底和指尖的温暖气息笼罩着，并一路向上到达头顶。整个身体，随着呼吸变得越来越柔软，感觉到宁静和完全放松，躯体变得更柔软、更放松。

现在，这股气息更强了，它贯穿脚底，并在腹部起伏。随着气息变得强大，躯体的感觉也在增强。让身体和气息一起开始轻轻地运动，移动脚趾和手指……让整个躯体开始轻轻地伸长。躯体开始轻轻地转到右侧，清晰地去感受每一个动作。

躯体又回到坐姿。当你就座时，感受到深层的三部分气息，并体验到人体、气息和精神之间的平衡。

2. 意境法

我们也可以通过想象达到放松的目的。如静卧后，在自我意念中浮现出想象的画面：湖面平静，清澈安宁；一只美丽的白天鹅飞过湖面；或天上洁白的雪花轻轻地飘落着；或金光灿灿的太阳跳出地平线，海洋上跳跃着优美的浪花；孩子们在草地上嬉戏；蔚蓝的天空上，团团白云飘浮着……在这些诗情画意中，自然会感到心旷神怡，心情格外的轻松、舒适和愉快，内心平静极了。

3. 休息法

现代科学研究表明，瑜伽放松法能使交感神经系统的兴奋度下降，机体耗能减少，血氧饱和度增加，消化机能提高，引起肌电、皮电、皮温等一系列促营养性反应。这对于调整机能功能、防病治病、延年益寿大有裨益，更能提高调理感知、记忆、思维、情绪、性格等心理素质。下面介绍几种休息放松的技法。

（1）仰卧放松法

仰卧垫上，两手放在身体两侧，与身体平行，掌心向上。双腿稍微分开至舒适位置。闭上双眼放松全身。慢慢调整呼吸，让呼吸变得规律而自然，让注意力集中在每一次吸气和呼气上。将全部的思维意识集中在呼吸上，保持几分钟，心理和生理系统就会慢慢得到放松。一般来说，时间越长越好。

（2）俯卧放松法

俯卧在瑜伽垫上，两臂前伸，保持均匀而有节奏的呼吸。用与“仰卧放松法”相同的方法放松全身。这种方式的练习时间越长越好。这种练习对脊椎疾病非常有益。因此，椎间盘突出、躯体僵直和佝偻的人非常适合用这种姿势练习。

（3）十指交叉法

俯卧在瑜伽垫上，双手十指交叉，放在头后，慢慢放松全身。

（4）鳄鱼式技法

采取俯卧的姿势，抬起两肩和头，把头放在双手的手掌上，双肘着地。闭上眼睛或平视前方，放松全身，保持有节奏的呼吸。将意念放在呼吸上。时间的长度以感到放松舒适为准，尽量延长保持住这个姿势的时间。这种瑜伽休息法对患有椎间盘滑出，或任何脊柱有疾病的人都有显著效果；患有气喘病和其他肺部疾病的人，也可以做这个非常简单的动作。

香薰放松法

杨安催眠：常用香薰油泡浴、按摩，闻着清新甜美的花香，听着轻柔的音乐，自然会在安静中享受到身心的放松。

香薰是一种风靡全球，备受爱美女士青睐的护理方式。它能舒心养颜，放松减压。人们通过按摩、吸入、热敷、浸泡、蒸熏等方式，使芳香精油（也称植物精油）快速融入人体血液及淋巴液中，可以加速体内新陈代谢，促进活细胞再生，增强身体免疫力，进而调节人体各个组织和系统的机能。常用香薰油泡浴、按摩，闻着清新甜美的花香，听着轻柔的音乐，自然会在安静中享受到身心的放松。

香薰的最高境界乃身、心、灵合一。香薰精油大多从植物的果实、花朵、叶子、根部或种子等中提炼而来，是百分之百的天然产品，所以，比起人工制造的化学元素，效果更显著。纯植物精油中含有许多酚多精，能够刺激体内的自律神经，让焦虑、失眠、头痛、头晕等文明病逐渐改善、消失，恢复神清气爽的感觉。

精油的用法有很多，下面介绍几种常用的方法：

1. 蒸熏法

蒸熏法用到的工具有香薰灯、加湿机、暖气，也可以根据现有条件，随意发挥。

将棉球蘸上精华油，放在暖气管散发热气的地方，可以使精油随暖气散发到空气中。

将油滴在热水中，让香味扩散到整个屋子。

不想额外购买香薰灯的话，可以代用以灯泡来发光发热的台灯。将薰衣草精油滴在灯罩上（最好是布的），夜晚慢慢挥发，就能伴着薰衣草美妙的香气入眠。

洗脸后在干净热水中加入 1 ~3 滴精油，让水蒸气熏脸部 10 分钟，也可以美容。不同的肤质需选用不同的精油。

2. 吸入法

将 1 ~3 滴精油滴在面巾或手帕上嗅吸。

3. 按摩法

精油按摩可以加强血液循环，排除体内毒素。把 3 滴单方精油稀释于 3 ~4 毫升的植物按摩油中，作脸部、头部、颈肩部或身体按摩。按摩一般从背部做起，需要他人协助。两手放在臀部上方的脊椎骨两侧，掌心朝下，沿椎骨两侧向肩膀移动，到颈部时，双手向外，一面按摩两胁，一面按摩肩膀，再回到起点，按摩时必须一气呵成，中途不要停止。

4. 香薰漱口法

漱口需选用可以食用的精油。长期坚持用香薰漱口，可保持口气清新，保护牙齿，减少咽炎。常用的漱口精油有：茶树精油、薰衣草精油、薄荷精油。将 2 ~3 滴精油滴入一杯水中搅匀，嗽喉 10 秒钟，然后吐出，重复至整杯水用完。牙痛时，将一滴没有稀释的肉桂精油用棉签点在牙痛部位，即可缓解牙痛。

5. 精油刮痧法

精油刮痧是运用植物精油与底油（也可用复方治疗精华油）涂抹于患部或穴道旁，再用刮痧器刮拭。一般由专业的香薰治疗师来做。

6. 按敷法

冷敷可起到缓解、镇定、安抚的作用，缓解痛症；热敷有助促进血液循环、排解毒素。常用精油有薰衣草、紫罗兰、迷迭香、天竺葵、茉莉、玫瑰、柠檬等。

操作时将 3 ~6 滴芳香精油加入冷水（冷敷）或热水（热敷）中，均匀搅动后，浸入一块毛巾；再把毛巾拧干，敷在面上，并用双手轻轻按压敷在脸上的毛巾，以便精油渗入皮肤。将以上步骤重复 5 ~10 次。身体部位按敷时，水和精油的比例约为 200ml 冷水或热水兑 5 滴精油；面部只用 1 滴精油即可。

7. 喷洒法

将精油和蒸馏水以 10 滴油兑 10ml 水的比例勾兑在一起，放在喷雾瓶里，随时喷洒在家中各处和宠物身上。能起到消毒除臭、清新空气的作用。常用的精油有迷迭香、柠檬、甜橙、薄荷、天竺葵、尤加利等。

8. 香薰沐浴法

（1）香薰蒸汽浴

常在蒸汽浴中用到的精油有薰衣草、洋甘菊、薄荷、甜橙、尤加利、柠檬等。将 2 滴精油与 600ml 的水勾兑在一起，把混合后的水浇在蒸汽房的热源上（如烧红的石头）。尽情地吸入这些带着香薰的蒸汽，它们是绝佳的皮肤保养剂和祛毒剂，可以有效地杀灭细菌和病毒。另外要注意以下两点：一是体育锻炼后不要立即沐浴洗澡，要等待放松活动完毕，身体热量发散完，出汗停止后再洗澡，以防晕倒；二是如果不得不中途突然停止运动，一定要在结束前做放松活动，然后再处理其他事情。

（2）香薰坐浴

一般选用薰衣草、尤加利、迷迭香、薄荷等精油。用一只能够容纳臀部的瓷盆或不锈钢盆，放入温水，滴入 1 ~ 2 滴精油，在其充分溶解后进行坐浴。这种方法对痛经、阴道炎或生理期因卫生巾不透气而造成的皮肤瘙痒效果甚佳。

（3）香薰温水浸浴

将 8 ~ 10 滴精油加入浴缸的温水中（撒入玫瑰花瓣效果更佳），轻轻搅动精油和花瓣使其散开。然后就可以一边享受精油的芳香一边沐浴。沐浴时，皮肤的毛孔张开，精油更容易深入肌肤发挥作用。浸浴后，精油会在皮肤上留下薄薄的一层，起到保护皮肤的效果。

浸浴对一般性的感冒也有很好的疗效：用一小匙按摩底油加入薰衣草、尤加利、洋甘菊精油各 2 滴，加以调和，涂抹在胸部、颈部、喉部等部位；然后将全身浸浴在热水中 10 ~ 15 分钟，并充分吸入香薰的蒸汽。待身体泡热后，就可以擦干水就寝。

（4）足浴手浴

在一盆温热的水中滴入 5 ~ 6 滴精油，再将脚掌或双手浸泡在盆内大约 10 分钟。这个方法可以促进血液循环，缓解肌肉酸痛。手部护理时加入玫瑰精油更可滋润皮肤，秋冬季节使用效果更佳。

9. 洗发护发

洗发时，在洗发液中加入 2 滴精油，然后按照正常程序洗发，轻轻按摩头皮 3 ~ 5 分钟，再以清水洗净；护发时，将基础油与精油以 10∶1 比例调和，轻按头皮使其吸收，用毛巾包住头部约 15 分钟，再洗净即可。

用适当的精油洗护头发还可去除头皮屑：将 2 滴佛手柑精油和 1 滴茶树精油混合，掺在洗发液中一起洗头。

不同的精油有不同的效果，大家可以根据精油的效果选择自己需要的精油。下面就介绍几种常用的精油。

（1）薰衣草单方精油

气味清新淡雅，镇静效果极佳。晚上睡前在枕巾上滴 1 滴有助于安睡。但是，它是一种双向调节的精油，滴多了会使人精神兴奋。

（2）依兰单方精油

有鲜甜的花香，可以平衡荷尔蒙，适合处在更年期的人使用。

（3）葡萄柚单方精油

香味清新甜美，能改善头痛、疲劳、焦虑，让人心情愉悦。

（4）橙花单方精油

有花果香味，可以抚平沮丧、抗忧郁、有助于安眠。

（5）洋甘菊单方精油

也是花果香味，可以缓解压力、松弛身心，能缓解紧张、愤怒、恐惧等情绪。

（6）柠檬单方精油

有浓郁果香，可以消除疲劳、安定情绪。

（7）檀香单方精油

有木香味，是稳定磁场的最佳精油，能抗沮丧、安抚情绪、消除粉刺、化解莫名的恐惧。

（8）玫瑰单方精油

玫瑰香气浓郁，适用于红肿、发炎、敏感的皮肤，还能治疗情绪低落。玫瑰花泡茶可以消除情绪郁结、通经止痛、舒缓精神紧张、改善酒后不适。

丝柏单方精油：能消除精神紧张，抗衰老、消除恐惧，增加安全感，对更年期综合征有很好的疗效；能止喘，除痰，对感冒、百日咳、喉炎、慢性支气管炎有效果；能祛除暗疮，适用于油性皮肤。

薄荷单方精油：能让人头脑灵活，思维清晰，有头部“万灵药”之称；在传统医药中，薄荷是常用的肠胃药，能祛风健胃、防治胃痛；可以减轻眼睛充血，消除因睡眠不足引致的黑眼圈。

其他方法

杨安催眠：每个人都有自己喜欢的放松方式，比如画画、爬山等。我们可以多了解一些放松方式，然后根据自己的喜好进行选择。

每个人都可以用前文介绍的放松法，根据自己的喜好和客观条件，在不同的时候放松自己。关键是，要用心体会放松的过程，放松的时候就彻底享受放松，不要在放松的时候还想着生活中的琐事。如果能在一段时间内完全沉浸在体验中，学会自己和自己相处，哪怕只是一小段时间也会有很好的放松效果。下面介绍几种常见的自我放松法。

1. 呼吸

腹部呼吸时，平躺在地板上，面朝上，身体自然放松。紧闭吸气，最后放松，使腹部恢复原状。正常呼吸数分钟后，再重复这一过程；做深呼吸时，也可以配合做些轻松的走步和缓慢的上肢伸展扩胸动作。

2. 想象

静下心来，在脑中想象一个自己喜爱的地方，如大海、高山或安宁闲适的农家小院等。把思绪集中在所想象的事物上，想象的情节越真切越好，越具体越好，最好能充分动用感官，达到“能看、能闻、能听、能触摸”的程度。对于美好景色的想象能让人精神放松。

3. 放松肌肉

舒适地坐在安静的地方，紧闭双目，让自己的呼吸变得均匀而缓慢，放松全身的肌肉。

4. 打盹

学会在忙碌的空隙时间里打盹，如家中、办公室、走廊甚至汽车里，只需 10 分钟就会使人精神振奋。

5. 睡眠

睡眠是消除疲劳最有效的方法之一，一般每天至少保证 8 小时的睡眠时间。在睡前不要进行剧烈的运动，容易失眠；最好选择瑜伽等较为舒缓的运动。

6. 摆脱常规

就是“不走寻常路”，可尝试用一些与众不同的新方法生活，或者做一些不常做的事。比如双脚蹦着上下楼梯；在山顶高声呼喊；回家时故意走一条比较绕远的、平时不走的路。

7. 沐浴时唱歌

洗澡时放开歌喉，尽量拉长音调。因为大声唱歌时需要不停地深呼吸，这样可以得到很好的放松，还能使心情愉快。

8. 发展兴趣

一定要给自己一定的时间，做自己喜欢做的事。培养自己对各种有益活动的兴趣，并且尽情地去享受。

9. 舞蹈

伴随着优美的音乐跳起翩跹的舞姿，可以调整和转移大脑皮层地兴奋中心，使人心情轻松愉快，从而达到放松生理和心理的目的。

10. 游戏

游戏可以让人享受到简单并充实的快乐。轻松活泼的游戏会使人觉得欢快，能愉悦身心。

11. 气功

我国传统的养生术——气功，能消除运动产生的疲劳。实践证明，气功具有调节身体、呼吸、心理三大功能，促使疲劳的恢复。

调身功法：在放松的状态下拍打全身，依次拍打上肢、胸腹、背腰、下肢。

调息功法：即伸懒腰、打哈欠等。

调心功法（也称气归丹田）：先将双手搓热，然后男性将左手放在腹部，右手放在左手背上，双手叠加，在腹部轻揉、画圈。先逆时针旋转 9 次，再顺时针旋转 9 次。同时想象疲劳随着轻揉消失。女性动作相同，但双手叠加的顺序相反。

第七章 催眠超级心灵控制术

在我们的情绪背后，究竟隐藏着怎样的深层担忧？在跌宕起伏的境遇中，又该寻找怎样的突破？我们在催眠中和潜意识对话时，应该告诉自己些什么？当我们能够真实地面对自己，用觉醒的目光审视身边的事，我们就能够在接纳的过程中实现自我完成。

心灵控制术的正面应用

杨安催眠：心灵控制术虽然有其危险的一面，却也蕴藏着巨大的力量。通过对人的感情的细致入微的分析，就能用适当的手段实现对自我心灵的控制。

心灵控制术曾经一度被认为是邪恶的，能够实现对他人心灵的操控。实际上心灵控制术虽然有其危险的一面，却也蕴藏着巨大的力量。它是利用人的情感做工的。人是非理性动物，有丰富的情感。通过对人的感情的细致入微的分析，就能用适当的手段实现对自我心灵的控制。

人的意识层面主要分为意识和潜意识，意识负责处理逻辑信息，潜意识负责处理感情信息。

当外界刺激和信息来临的时候，意识会对其进行接纳或拦截。只有那些能够通过意识盘查的信息才能进入潜意识，从而引起感情波动。意识处理外界刺激和信息的能力与经验有关，经验丰富则拦截能力强；经验不丰富则拦截能力弱。比如，同样是看动画片，儿童可能会完全接纳其中传播的信息，引起感情的波动，产生喜欢、信任等情感；而成年人经验丰富，一些信息会被意识过滤掉，并不能对其产生影响。

需要指出的是，人的神经系统无法区分“实际的经验”和生动而详细的“想象的经验”。也就是说，虽然我们没有实际演讲的经验，却可以想象自己是个成功的演讲家，从而克服对登台的恐惧，完成演讲。这告诉我们，在需要经验才能取得成功的场合，可以通过“自我意象”的改造实现目标。

“自我意象”的发现是心理学和个性创造领域的一大突破。

越来越多的现象证明，“自我意象”是个人在心理上和精神上的观念，或者其自我“图像”，是左右个性和行为的真正关键。如果“个性的面孔”能够得到改造，那么，旧的感情伤疤便能够消除，他本人也能随之改变。

“自我意象”是人类个性和行为的关键。改变自我意象就能改变人的个性和行为。

但是从消极的方面说，“自我意象”决定了个人成就的界限。它决定你能做什么和不能做什么。扩展自我意象，就能扩展自己的“潜在领域”。发展适当的自我意象能使个人富有新的能量、新的才华，并最终使失败转变为成功。

1. 心灵控制术与谈判

我们可以用和自己“谈判”的形式接近成功。

自古以来，有很多人善于用“心理图像”和“排练实践”来获得成功。例如，拿破仑在参加实际战争之前，曾经在内心想象“演习”了多年的军事。他在上学的时候所做的阅读笔记竟达四百页之多。他把自己想象成一个司令，画出科西嘉的地图，经过精确的数学计算后，标出了各种布防的可能性。

美国最大的连锁酒店的创始人康拉德·希尔顿在拥有第一家旅馆之前，就开始想象自己在经营旅馆。当他还是一个孩子的时候，就常常“扮演”旅馆经理的角色。

亨利·凯瑟尔说过，他在每一个实现事业上的成就之前，都在想象中先实现过。

难怪人们过去总是把“心理意象”的艺术与“魔术”联系起来。

2. 心灵控制术与营销

心灵控制术能帮助销售人员推销商品。

罗思在《每年如何推销两万五》一书中讲到底特律的一伙推销员利用一种新方法使推销额增加了100%。纽约的另一伙推销员增加了150%，个别推销员使用同样的方法使其推销额增加了400%。

他在书中揭秘了使推销员们取得如此成就的魔法——角色扮演。就是想象自己处于各种不同的销售情况，然后再找出方法，直至在实际情况中出现各种销售情况时知道自己该说什么、该做什么为止。推销员之所以能取得好成就，原因就在于他善于处理不同的情况。

每次同顾客谈话时，如果能够提前预测顾客说的话、提的问题或反对的意见，并知道该怎样回答他的问题、处理他的反对意见，你就能把货物推销出去……

这些推销员经常在晚间独处时一个人扮演角色。他会想象自己和顾客面对面地站着，想象客户提出刁钻的问题和反对意见，然后想出相应的对策……慢慢地，就能圆满解决实际销售中遇到的突发情况。

3. 心灵控制术与人际关系

我们常常在意从别人那里收到的反馈，一个微笑或者皱眉，赞许或不赞许的上百种巧妙的暗示等。不可否认，这种沟通可以促进人与人之间的关系和社会活动。

在这个过程中，我们会表现出“个性”。我们说某个人“个性很好”，其实是说他释放了内心的创造性潜力、能够表现真正的自我。具有“良好个性”并且在社交场合受人欢迎的人，能意识到自己与他人的互相交流，并且以一种创造性方式对这种与他人的交流做出反应。

然而，具有“被压抑个性（即不良个性）”的人不能表现内在的创造性自我。他把自我囚禁起来，受压抑的个性约束真正的自我表现，把真正的自我紧锁在内心深处。压抑的症状很多，如羞怯、腼腆、自我意识、敌意、过度的罪恶感、失眠、神经过敏、脾气暴躁、无法与别人相处等。

有的人因为“别人的看法”造成抑制，失去自我。只要你不断地、有意识地监视自己的每一个行动、每一句话或每一种方式，你也会受到抑制。如果你过于有意识地关心“别人怎么想”，过于谨慎地想取悦于别人，对别人真正的或假想的不赞成过于敏感，就容易在自己的内心肯定他人的否定反馈，造成个性抑制和不良表现。

过于谨慎，想要形成一个好印象，反而是自我个性的限制。事实上，能够给他人留下好印象的人通常都有着更多的自我意识，而不是过多地关注“他人意识”。

这时候，重要的不是克服“自我意识”，而是要集中精力培养更多的自我意识：感情、行动、表现、思维，像独自一个人时那样，完全不考虑别人可能怎样评价自己。这种做法并不会让一个人对别人冷漠。

“个性”是一种具有吸引力而又神秘的东西，它不是从外界获得的，而是发自我们的内心。“个性”是独一无二的创造性自我的外在迹象，是真实“自我”的自由而充分的表达。每一个人的真正自我都是有吸引力的，都是有磁性的，对别人具有强大的影响和感染力；相反，虚伪总是叫人讨厌和反对。因此，要想获得良好的人际关系，先从对自我的心灵控制开始。

4. 心灵控制术与管理

成功的结果往往源自于高效的自我管理。如果我们能了解思维的起源，就能让成功机制轻松地为我们服务。

“压力”这个词在当今时代经常被我们提起。可面临的问题是，我们忽略了自动的创造性机制，想用意识的思维或者说“前脑思维”来做一切事情，解决一切问题。前脑的任务是提出问题，区别问题，但它不是用来解决问题的。因为现代人几乎完全依靠前脑，所以变得过于操心，过于多虑，过于惧怕“后果”。

多余的挣扎、焦躁和操心不仅无济于事，反而可能阻碍问题的解决。如果我们希望自己的观念和意志系统丰富、多样和有效，我们必须养成一种习惯，使它们摆脱受到的压抑，解除对后果的过分关注。

詹姆斯说：很多人有意识地努力了很多年，试图摆脱担忧、焦虑、自卑、负罪感，但都没有成功；而当他们自觉地放弃挣扎，不再用意识思维解决问题时，反而发现自己获得了成功。这些情况表明，成功之路在于——对消极情绪妥协。成功的法则应该是放松而不是紧张。放弃你的责任感，放松你的紧张感，把你的命运交付于更高的力量，真正对命运的结果处之泰然，让不安的自我有一个休憩的机会，去发现另一个伟大的自我。放弃努力产生的新现象，会显示出人类本性的真实面貌。

著名法国科学家费尔说，实际上，他的一切有益的想法都是自己没有积极考虑问题的时候产生的。而且，当代科学家的绝大多数发现，也可以说都是在他们离开工作岗位的间隙完成的。

通用电器公司研究室主任 C. G. 苏伊茨说，实验室里的一切发现，几乎都是先经过一段紧张思考和收集事实的过程，然后在一个放松的时期里像产生一个预感一样完成的。可见，自我管理和自我放松几乎是画等号的，懂得用妥协消除压力感，离成功就又近了一步。

发现并利用意识层面的柔弱点

杨安催眠：心灵控制术成功的关键是，寻找并利用弱点。自卑情绪是人的普遍弱点。

心灵控制术对人控制的另一个重要理论是，无论什么人在意识层面都有弱点。

意识可以说是心灵的保护层，保护脆弱且敏感的潜意识。但是无论什么人，这个保护层都会有弱点。比如，很多人都有些伤心的过去，当谈话内容涉及这些事情的时候，意识的拦截能力就会比平时薄弱许多。这时，平时无法接近潜意识的信息，就会进入到潜意识当中，造成感情波动。当事人可能会陷入到悲伤的过去所发生的事情中，或出现过激反应以加强意识层的拦截能力。所以，心灵控制术成功的关键是，寻找并利用弱点。

自卑情绪是人的普遍弱点。使我们产生自卑情绪，甚至影响生活的，并不是认识到在技巧或学识上不如人，而是有不如人的“感觉”。不如人的感觉的产生原因只有一个：我们不是用自己的“尺度”，而是用他人的“标准”来衡量自己。这种做法当然会让自己觉得低人一等。“应该达到别人的标准”这种看法，让我们感到不幸，感到低人一等。这种逻辑的结论就是：“我”没有“价值”，不配得到成功和幸福，除了觉得抱歉和自责之外，没有地方能充分表现我们的能力和才华。

出现这种结论是因为我们受到了错误的观念的欺骗，即觉得“我应该像其他任何人一样”。这一点稍加分析就可以揭穿，因为其他人是由一个一个的人组成的，世界上没有两个完全相同的人。

然而另外一种错误观念“我不如别人”就没那么容易被察觉了。在这个前提之上又建立了一整套“逻辑思维”和感觉，如果他因为不如别人而觉得不行，根治的方法只能是使自己跟别人一样好。要想有良好的感觉，根治的方法只能是使自己跟别人一样好。要想有良好的感觉，就要比别人更优越。这样，追求优越给他带来更多的苦恼，造成更多的挫折，有时候甚至越来越严重，导致以前根本不存在的病态变得比以往更抑制，似乎越努力就越不幸。

有自卑感的人无一例外地会为了取得优越地位而加深自己的错误。

“自卑情绪”伴随着行为能力的退化。

很容易用实验证明这一结论，只需要制订一条“平均的标准”，然后让被测验者相信他够不上标准就行。一位心理学家想了解自卑感如何影响人类解决问题的能力，他先对学生们作一次常规检测，然后郑重宣布，只有一半的人能够用测验所需时间的 1/5 来完成测验。在测验过程中响一次铃表示平均标准的人所用的时间已到，有些很聪明的学生也变得慌慌张张，完不成任务，以为自己成了低能儿。

卑下与优越是同一枚硬币的正、反两面。只要认识到这枚硬币本身是假的，问题也就解决了。感到自卑的人，应该看到自己的真实情况：你不“卑下”、不“优越”，你只是“你”。“你”的个性不必与其他人的个性比高低，因为地球上没有另一个人和你一样，或者处在你的特定级别。你是一个人，独一无二。你和别人不一样，不“像”别人，也无法变得“像”别人。没有人“要求”你去像别人，也没有人“要求”别人来像你。不要拿“他人”的标准来衡量自己，因为你不是他人，你也永远达不到他人的标准，正如他人同样也达不到你的标准。一旦你明白、接受和相信这个简单明了的真理了，你的自卑感就会消失得无影无踪。

永远记住：不管你是怎样的人，经历过多大的失败，你本身仍然具有才能和力量去做使自己快乐而成功的事。

你现在就有力量做你从来不敢去想的事，只要你能改变否定的信念，马上就能得到这种力量。只需要尽快地从“我不能”“我不配”和“我不应该得到”等自我限制的观念中清醒过来。

营造信任情绪

杨安催眠：无论有过多少次失败的经历，都不要告诉自己：

“我是个失败的人。”要相信自己，因为即使我们有弱点，也不等于我们就是毫无价值的人。

无论如何，我们都要学会“信任自己”。自信建立在成功的经验之上。缺乏信心是因为，我们在做一件事情的时候没有成功的经验。而一旦有了成功的经验，自信会促使我们获得更多的成功。也就是说，成功孕育着成功。一次小的成功可以成为巨大成功的基石。我们也可以运用同样的技巧，逐渐地体验成功。一开始，可以先为自己安排小规模的成功。

另一个重要的技巧，是养成记住过去的成功而忘却失败的习惯。举个简单的例子，电子计算机和人脑正是以这种方式运行的。生活中几乎任何活动，比如打篮球、练习射击等，我们可以通过一遍又一遍的训练改进技巧，而推动成功。当然，训练的价值并不在于动作的“重复”，否则，我们所学到的应该是我们的“失误”。那么，我们经历的将是不断地失败，而不是成功。

我们就是通过这种“成功机制”走向成功的。可是，大多数人是怎么做的呢？我们记住过去的失败、忘掉了过去的成功，从而摧毁了自信。

因为失败伴随着我们的，不仅是“未达成”这样的结果，还有深深的负面情绪。我们谴责自己、怀着羞辱与懊悔的极端的自我中心主义感情，在心中痛骂自己。于是自信就无影无踪了。

当然，这并不是说失败无关紧要。重要的是记取、强化和专注于隐藏在失败中的成功。爱迪生经历过无数次“失败”才找到了适合做灯丝的材料，他说过：“我从来没有失败过，而是一万次成功地找到并区别出不适合做灯丝的材料，第一万零一次才成功地找到更适合做灯丝的材料。”查尔斯·凯特林说过：“任何一个年轻人如果想要成为科学家，都必须准备在获得一次成功之前失败九十九次，而且不因为这些失败而损伤对自我的信任。”

生动地回忆过去勇敢的时刻是恢复自信最有效的方法。在开始完成一项新任务时，特别要重温你在过去的成功中经历的感受，不管那成功是多么的微不足道。

对于大多数人来说，成功是遥远前方的一块诱饵，仿佛是不真实的天边彩云。自己也会因为成功变成不一样的自己。然而，大量事实表明，只有一个人在某种程度上“承认自我”的时候，他才能得到真正的成功和幸福。

世界上最不幸、最痛苦的人莫过于那些尽力要使自己和别人相信，自己不应该是本来这副样子的人。当一个人抛弃所谓的“成功的样子”“他人的样子”时，他得到的轻松与满足是无可比拟的。成功往往会避开那些要成为“其他人”的人；而当一个人愿意放松情绪、充满自信地“成为自己”时，成功几乎是自动地降临到他头上。

改变你的“自我意象”并不意味着改变自己或者改善自己，而是改变了你对“自我”心理图像的估价、观念和认识。发展一个适当的和现实的自我意象，会带来惊人的结果，因为你可以凭借这幅实际自我的真实图像来充分发挥现有的自我。你就是某一个人，不在于你赚了一百万美元，或者在你住的街区拥有最高级的小汽车，也不在于你能赌钱。

我们绝大部分人现在就比自己所认识的更美好、更聪明、更强大、更有能力。创造一个更佳的自我意象并不是创造了新的能力、才能、力量，而只是解除对自我能量的束缚，使它们发挥作用。

面对自我的不完美，我们可以改变个性的某些部分，但不能改变基本的自我。个性是“自我”的一个工具、一种出路、一种外在的表现，供我们在处世时使用。也是我们的习性、态度、知识技巧的总和，是我们用来表现自己的一种方法。

我们的个性，即“表现出的自我”，并不是十全十美的，也并没有发挥出全部的力量。也就是说，我们永远可以学到更多的东西，做得更好，表现得更佳。实际自我必然是不完美的，它不是静止的而是运动的，它永远不会完整和终结，而只是处于一种发展状态。

“承认自我”还意味着接受自身的现状，包括错误、弱点、缺点、失误，也包括目前的财产和力量。

很多人不愿意承认自己的缺点、错误，千方百计地回避、否认它。因为他们坚持把错误与自己等同起来。如果承认了错误，就等于承认“我”就是一个错误。你也许会犯一个错误，但这不是说你就是一个错误。你也许不能恰当地和充分地表现自己，但这并不意味着你自己“不够好”。

接受你现实的自我，并且以此为起点，学会在感情上容忍自己的不完美之处。必须从思想上承认我们的缺点，但绝不能因为这些缺点而憎恨自己。我们不会因为自身的错误或弱点，就变得没有价值。就像打字机打错了一个字、小提琴发出一些不和谐的音符并不影响它们的价值一样。你和其他人一样，都要学会和自己的不完美相处，并且正走在不断接近完美的路上。

就好像获得知识的第一步是认清你还不懂的范围，变得强大的第一步是认清你的弱点所在。心理学中有一种观点是：认识是疗愈的开始。在通向理想的自我表现的漫长道路中，我们必须学会运用否定的反馈来纠正方向。

我们必须先认识到错误和缺点并不代表我是错误的，然后承认自己的错误和缺点，这样才能改正它们。

反复的相同模式的催眠

杨安催眠：有的时候，我们仿佛陷入了某种“不幸”的怪圈里，无法让自己解脱。那是因为在潜意识中我们在给自己做“不幸”的催眠。

我们所经历的反复的失败，很大一部分原因是，习惯于沉浸在反复的自我催眠与告诫中。在潜意识中“隐藏着”过去的失败经历中的不愉快的甚至是痛苦的感受，因为我们常常自寻烦恼，一遍又一遍反复体验这种感受，以至于不能看到并加以分析，也就无法改变个性中的这一部分。

要知道，那些错误、过失、失败甚至屈辱，都是在学习的过程中必然要经历的。我们不该将注意力停留在它们的表象上，而要看到在它们的前方，我们的目标是成功。如果我们有意识地沉溺于错误之中，甚至因为它们而产生负罪感、时常责备自己，那么错误和失败本身就会不知不觉地成为最终的“目标”，有意识地盘踞在想象之中。一个人最可悲的事莫过于死死纠缠在往日的经历之中，反复地谴责自己过去所犯的错误，不断地诅咒自己过去的罪恶。

心理学家接待过这样一位女患者，她总是用不幸的过去折磨自己，以至于丧失了眼前触手可及的得到幸福的机会。她在痛苦和懊丧中生活了许多年。

她生有比较严重的兔唇，年复一年，她努力避开众人，也没有任何朋友，因为她觉得谁也不会同一个如此“怪异丑陋”的人建立友情。更糟糕的是，她习惯用刻薄的态度防范他人，导致人们更加疏远她。这样的生活让她的性格受到压抑，她脾气暴躁、愤世嫉俗。

于是，她听从大家的建议，去做了整形手术。术后，她试着调节自己，试着与人们和睦相处。但是她发现过去的经历阻碍着她。她觉得，大家不会原谅她之前的所作所为，依然没有什么朋友。于是，她又重蹈覆辙，开始哀叹人生的不幸。

由此可见，外在环境的改变，并不能从根本上改变我们的处境。外科整形虽解决了她肉体上的问题，但只有她不再谴责自己的过去，不再责备自己的过失，才能开始真正的生活。如果我们一味纠缠在过去的错误上，不但不能弥补过去所失去的，反而会阻碍你将来想改变的。

遗憾的是，沉溺于过去似乎是我们的习惯性思维。不过，并不能因此得出这样的结论：潜意识的反应模式本身有重复和延续的力量。也不是说我们要把埋藏在潜意识中的负面感受彻底根除，才能改变反复的行为模式。

这种行为的根源是我们的意识、思维的心理，而不是"潜意识"。我们改变主意，转移目标，停止给"过去"输入能量的那一瞬间，过去及其错误就失去了控制我们的力量。

如果我们的意识思维和注意力集中在前方"肯定的"目标上，往日失败的记忆就没有什么危害。要想认识错误，并且作出适当的纠正，就需要记住并"储存"成功的记忆。后期的成功是需要前期的成功来推动的。就像滚雪球一样，越滚越大。成功的反应模式会被记忆下来，并在以后的操作中再次出现或者加以"模仿"。因此，只要我们将失败当作"否定的反馈资料"，这些经历就会对我们产生有益的影响。

罗素在《争取幸福》一书中说过：我并不是生下来就幸福的人。青年时代，我厌恶生活，几近自杀的边缘。现在的我却热爱生活，其中的主要原因是我对自己的过分关注越来越少了。曾经，我像其他人一样，常常沉浸在自己的罪恶、愚昧和缺点之中。渐渐地，我学会了对我自己的缺点无动于衷，开始把注意力集中在外在事物上，注意世界上的各种情况、各种知识，以及我所关心的那些人。

罗素谈到的改变的方式，是认清那些以错误信念为基础的、自动的、反复的反应模式。是用观念改变观念，而不是用意志改变观念。

当你因为某种行为感到懊丧，而理智告诉你那并非邪恶时，就检查一下懊丧情绪的起因，然后就能看清这些起因的荒谬之处。将隐藏在潜意识中的错误的信念揪出来，只要它把愚昧的思想和感情强加于你的意志，就把它们连根拔起来，阻止自己成为一个受非理性摆布的人。一个人应该对自己的理性信念有足够的重视，不允许相对立的非理性的信念不受约束地产生或者支配自己，不管这种信念是什么。也就是说，在我们陷入反复的、幼稚的想法中时，用理性的观念约束自己。

其实是深度催眠效果

杨安催眠：一个人如果想有所改变，他一定要先“看到”他将要变成的那个新角色。

在寻找“最佳自我”的过程中，要实现对自己的高度控制，就需要学会对自己进行催眠，从而改变“自我意象”。如果你在想象中对你所希望的自我形成一个图像，并且“看到自己”扮演这个角色的话，除了治疗的方法之外，这也是改变个性的一个必要条件。无论如何，在一个人有所改变之前，他一定要“看到”他将要变成的那个新角色。

爱德华曾经运用这一技巧帮助酗酒的人戒掉酒。他每天要求戒酒者闭上双眼，尽量放松身体，创造出一幅“活动的心理图像”，在脑中想象他们自己所希望成为的人。在这幅活动的心理图像上，他们看到自己是头脑清醒、敢于负责的人，看到自己实际上用不着喝酒也能享受生活。这种方法收到了令人惊奇的效果。到目前为止，我们对“自我意象”的创造力仅仅有粗浅的认识，这种创造力起源于人的想象。下面是新闻中提到的，通过催眠改变自我意象，从而改变自我的例子。

位于洛杉矶的退役军人管理局有两位心理学家宣称，有些精神病人，只要想象他们自己是正常人，就可能改变他们的处境，很可能缩短他们的住院期限。两位心理学博士说，他们在45位住院治疗的精神病患者身上做过此项实验。

博士首先对病人进行一般的性格检测，在第二遍检测的时候，要求他们把自己当作“医院外面一个典型的正常人”那样回答问题。他们发现，3/4 的病人在后一次检测中都有了转变。有些正向的转变甚至是惊人的。这些病人为了像正常人一样回答问题，就得先想象自己是一个“典型的正常人”。他们必须进一步想象，一个典型的正常人会有什么表现。然后，这个“正常人”的形象就会在他们心里越来越丰满。甚至，他们已经把自己当成了正常人。这本身就足以使他们开始在动作上和感情上像一个正常人。

由此可以看出，人心理上的自我肖像称作“人内心最强大的力量”。

自我意象心理学的目的并不是要创造一个虚构的自我，一个无所不能、自高自大、以自我为中心、目空一切的人。而是要认清自己的本相，发现“真正的自我”。心理学家认为，绝大部分人都低估了自己，很少改变自己。实际上并没有什么所谓的“自我优越情绪”存在。自以为有“优越情结”的人，实际上受着自卑感的煎熬——他们心中“优越的自我”其实是一种虚构、一种掩饰，把他们内心深处的自卑感和不安对别人和自己隐瞒起来。这是一个自欺欺人、自我欺骗的过程。

真正能让人生充满动力的是“充分地表现自己”的渴望。充分地表现出自己的能力和才华，而不是将光芒遮蔽起来。

如果我们认为自己是一个被恐惧包围、没有任何价值的角色，就必须立即抛弃这幅图像，坚定地抬起头来。那样的自我意象是根据你想象中的自我形成的，过去的自我肖像又是自身对以往经验作出的解释和评价。过去你曾用某种方法绘制出一幅不准确的自我肖像，现在你可以用同样的方法绘制出一幅非常准确的自我肖像了。让我们正视真正的自我，它在我们相信它存在的那一刻就真正存在了。我们必须认识到改变的可能性，相信处在改变过程中的自我。以前的失败感既然是错误，我们就不应该相信错误。

你之所以不能取胜，是因为你生动地把自己想象成失败者；你之所以能够成功，是因为你经常生动地把自己想象成胜利者。美丽的人生以你想象中的图画——你希望成就什么事业，作一个什么样的人——作为开端。

每天腾出三十分钟时间，独自一人闭上眼睛，想象自己坐在一个宽银幕前面，正在欣赏自己演出的电影。你就是你希望中的样子，也许是健谈的，也许是风趣的，也许是取得了什么成就……重要的是使这些画面尽量生动和详细，就好像正在实际经历。包括环境中的小细节都要注意到，景象、声音、物体、气味儿、椅子扶手上皮革的感觉等。

重要的是，在这三十分钟内，你要看到自己的行动和反应是适当的、成功的、理想的。不必想着昨天的行为如何失败，也不必想着明天要作出怎样理想的行动。你要做的只是想象：如果你一向羞怯和畏缩，就想象自己在大庭广众下轻松而镇定地活动，并且因此而感到舒服。如果你在某种情况下恐惧和焦虑，就想象自己正轻松自如地行动，有信心、有勇气，并且因此而感到开朗和自信。

想象你在按照你希望的那样行动、感受。如果想象得足够生动和详细，你的神经系统就相当于完成了一次实地的体验。如果能够长时间坚持下去，这种想象练习就会在你的中脑和神经中枢系统建立起新的“记忆”或者存储数据，进而建立一个新的自我意象。因为我们的“自动反应机制”不管接受肯定的还是否定的思想与经验，都会自动地进行工作。在练习不定期一段时间后，你会惊讶地发现，你的行为发生了变化。你不必努力去克服某种不适当的感觉，不用刻意去达到某种效果，作出某种行为，那些你向往的行为就好像是自动的和自发的。

不要陷入自我否定的旋涡

杨安催眠：想要真正地认识自己，就必须将自己从坚决的自我否认中释放出来。

想要真正认识自己，一个必然的过程就是从错误信念的催眠中清醒。

一位博士在小时候有过这样的体验，可以说明信念对行为与能力具有强大的影响。

这位博士在刚学算术的时候，成绩很糟糕。老师深信他“数学脑子迟钝”，就把这一“事实”告诉了家长，让他们不要对儿子期望过高。他的父母也信以为真，继而博士也被动地接受了他们对自己的评价，而且他的算术成绩也一直很差，仿佛就为了证明他们是对的。但是有一天，老师在黑板上出了一道难题，别的同学都面面相觑，无法解答。他想了一下，竟然意外地发现，自己好像解出了这道难题。于是，他战战兢兢地把自己的想法对老师说了。老师和全班学生哄堂大笑。他愤愤不平地几步跨到黑板前面，真的把问题解了出来，在场的人都目瞪口呆。这件事之后，他认识到自己可以学好算术，对自己的能力有了自信，后来成了一个数学成绩出类拔萃的学生。

永远不要让别人告诉你，你不能做什么；也不要自己告诉自己，自己不能做什么。这种给自己设置的门槛其实是在自我否认。我们既不能妄自尊大，也不能画地为牢，将自己局限在狭窄的范围内。

有一个企业家，在他擅长的领域中有了一项重大的发现，想让大家知道这个消息，于是筹备了一场公开的演说。他的嗓音很好，题目也很吸引人，但是他却不能在陌生人面前讲话。阻碍他的原因是他的信念，他认为自己没有出众的外表，不会被观众接受，因此讲话也讲得不好，不会给听众留下好印象。他认为自己的形象“不像一个成功的企业管理人”。这个信念不知从什么时候开始，已经在他心中烙下了深深的痕迹。所以，每次他站在一群人面前开始说话时，便受到这个信念的阻碍。

他错误地认为，如果能通过动一次手术改善他的外表，就会产生必要的自信。其实手术并不一定能解决问题。因为肉体的变化并不能绝对保证个性的改变。他遇到的问题的根源是：他用消极信念给自己洗脑，这样仿佛可以使自己得利——可以堂而皇之地不用努力、逃避演讲，以免自己产生气馁、紧张的更消极的情绪。正是这一点妨碍了他发表这个重要消息。

后来，在心理学家的指引下，他成功地把消极的信念转换成了积极而肯定的信念：认为自己有一个极其重要的消息，而这个消息只有自己才能告诉大家。不管自己的外表如何，都会引起听众的重视。从那时起，他成为企业界最难得的演说家之一。而他唯一的改变只是信念和自我意象。

他曾经受过一个错误的自我信念的洗脑，也是另一种意义上的催眠。催眠的力量就是信念的力量。巴伯博士是这样解释“催眠力”的：只要被催眠者相信这个信念是真的，就能做出惊人的事情……催眠师只要设法使受催眠的人相信自己说的是真话，受催眠的人的举止就会改变，因为他的思想和信念已经改变。同样的，自己对自己说的话也具有这种效果。

很多时候，我们稀里糊涂地就对某种信念深信不疑，甚至忘记了它是怎么产生的。如果你从自己这儿，从你的老师、父母、朋友、广告或者是其他任何地方接受了一个意象，而且坚信这个意念是真的，那么，它就和催眠师对被催眠者说的话一样具有强大的威力。这个时候千万不要忘了审视一下这个信念，查找一下它的来源，以便更好地分辨和处理它。

自我接纳与自我完成

杨安催眠：我们每一个人都是独一无二的，不论你是何种长相、肤色或是家境，都是无可替代的。我们要学会让“自我意象”符合真实的自己。

我们需要了解：不幸的人如何通过“体验”幸福而逐渐学会享受生活。想象力在我们生活中所起到的作用远远比我们所了解的更重要。自我意象的构建是获得美好生活的关键。

这是一个完全为其家庭所迫来找我看病的患者。四十岁左右，未婚。每天照例上班工作，下班后把自己关在房间里，从来也不出门，也没有其他活动。他换过很多次工作，每一次都干不了多长时间。他的难处在于鼻子稍稍高了一点儿，耳朵也比正常人稍稍大了一点儿。他觉得自己“丑陋”，仿佛在白天接触的那些人都嘲笑他，背地议论他太“个别”。这种想象越来越强烈，终于使他怕在正经场合露面，也怕在人群中走动，甚至在自己的家里也感觉到不安全。这个可怜的人还想象他的家人为他感到“丢人”，因为他“长得太怪”，和“别人”不一样。

实际上，他的面部缺陷并不严重。他的鼻子如果以某种特定标准去衡量的话，甚至还可以说很有美感，他的耳朵虽然有点儿大，却和成千上万的人的耳朵一样，不会引起过多的注意。他并不需要整形——只要让他了解这样一个事实：是他的想象摧残了他的自我意象，使他认不清真相。他其实并不丑陋，他的苦恼只是他的幻想造成的。这种幻想在他的内心形成一套自动的、否定的、失败的机制，它全速开动着，将他的不幸推到极点。

发现真正的自我，能挽救濒临破裂的婚姻，能重振一蹶不振的事业，能改造“失败个性”的牺牲者，还可以决定你保持自由还是屈就顺从。

“自我意象”是人类个性和行为的关键，改变自我意象就能改变人的个性和行为；“自我意象”决定了个人成就的界限，它决定你能做什么和不能做什么。扩展自我意象，你就能扩展自己的“潜在能量”。发展适当的自我意象能使个人富有新的能量、新的才华，并最终使失败转变为成功。

一个人的反应、感觉和行动永远依照他对自己和环境的真实想象来进行。这是心灵的一个根本的原则。人类的大脑和神经系统构成一种奇特而又复杂的“目的追求机制”，它是一种内在的自动导向系统，或者作为一种“成功机制”为你效劳，或者作为一种“失败机制”对你不利，这主要取决于作为操纵者的你如何操纵它，如何为它制定目标。

实际生活经验就是一个冷酷无情的老师。把一个人扔进没顶深的水里，其体验可以教会他游泳，同样的体验又可能使另外一个人淹死。

“积极思维”与个人的自我意象一致时就起作用，悖逆自我意象时就完全不起作用——除非自我意象得到改变。

自我意象之所以能成为开启美好生活的一把金钥匙，主要在于它具备两个显著的特征。

1. 人的所有行为、感情、举止，甚至才能，永远与自我意象相一致

简而言之，你把自己想象成什么人，你就按那种人的习惯行事；而且，即使你做了一切有意识的努力，即使你有意志力，你也根本不可能有别的行为。

把自己想象成“失败型的人”，就会想尽办法失败，尽管他有良好的愿望、有意志力，甚至机遇也完全对他有利。把自己想象为不公正的牺牲品，认为“注定要受苦”的人会不断地寻找各种环境来证实自己的观点。自我意象是一个“前提”，一个根据，或者一个基础，人的全部个性、行为，甚至环境都建立在这个基础之上。

2. 自我意象是可以改变的

一个人不论年纪大小，都来得及改变他的自我意象，并从此开始新的

生活。很多人尝试过“积极思维”，却发现这对自己不起作用。进一步探究你会发现，这些人试图用“积极思维”去努力改变外在的环境、特定的习惯、某种性格缺陷，却从来没有想到改变造成这些状况的“自我认识”。真正的奥秘是：要想真正的“生活”，也就是使生活得到合理的满足，就必须有一个适当的现实的自我意象伴随着你。

你必须能接受自己；你必须有健全的自尊心；你必须信任自己；你必须不以自我为耻；你必须随心所欲地、有创造性地表现自我，而不是把自我意象隐藏或遮掩起来；你必须有与现实相适应的自我，以便在一个现实的世界中有效地发挥作用；你必须认识自己——包括自己的长处和弱点，关键是要诚实地对待这些长处和弱点。你的自我意象必须合理地近似于“你”本人，不能多也不能少。

我们每一个人内心所真正需要的正是更丰富的人生。幸福、成功、宁静，或者你心目中的崇高目标，在本质上都是从丰富的生活中体验到的。

当我们体验到幸福、自信、成功的饱满的感情时，就是在享受丰富的生活；而当我们落魄到压制自己的能力、浪费我们的天赋本能，使自己蒙受忧虑、恐惧、自我谴责和自我厌恶的程度时，就是在扼杀我们的生命力，背弃了造物主所赋予我们的才华。到了弃绝生命的财富时，我们也就该投入死亡的怀抱了。

要实现“自我完成”就要发掘你内在的成功机制。我们通常说动物有某种指引它的“本能”，这种“成功本能”帮助动物成功地适应环境。事实上，人也有一种成功的本能，它比其他动物的本能更为奇特，更为复杂。因为人具有动物所没有的东西——创造性想象力。人利用想象可以设计不同的目标。只有人，才能利用想象力去指导成功机制。

郁郁寡欢的失败型个性不能依靠纯粹的意志力，或者勉强的决心去发展新的自我意象。人必须要有确实的依据证明，旧的自我意象是错误的，才能凭借想象创造新的自我意象。

人内在的成功机制能够指引我们走向成功和幸福，实现自我完成。它具有五种特征，认识到这些特征，我们就能更好地掌握它，让它成为实现自我的阶梯。

（1）内在的成功机制需要一个“目标”

你必须尽可能去想象：这个目标“现在已经”以实际的或潜在的形式实现。成功机制的工作或是把你引向一个已经存在的目标，或是“发现”已经存在的事物。

（2）自动机制永远指向“最终的结果”，向目标运转

它为了达到目标所“凭借的方法”或许不明确，但不要因此而丧失信心。

（3）不要怕在达到目标的过程中犯错误，不要怕暂时的失败

所谓的“失败”其实是一种否定的反馈，在前进中一旦发生错误，立即加以纠正，再继续前进。

（4）永远记得学会各种技巧都要经历考验，都会犯错误

犯错误后要用心改正，然后忘记错误带给你的消极情绪和不良反应，记住“成功的感受”，使它能够“变大增强”，这样就会学到更多的东西，就会继续取得成功。

（5）要给予创造性机制充分的信任

不要担心它是否有效，是否会因为有意识地努力受到干扰……你必须放手让它工作。创造性机制是在意识之外工作，它无法被意识捕捉，事先也不能给出保证。而且，它的本性是根据目前的需要而自发地工作，它只是在你行动的时候开动。

心灵控制与心灵感应

杨安催眠：看似超常的心灵感应其实并不来自于控制，而是

> 来源于心灵中自然存在的创造力。创造性行为是自发的、“自然”的，它只是在放松的情况下让事情自己完成。

我们在生活中会看到一些心灵感应的现象，例如，科学家在梦中解开了一直困扰他的难题；企业家在钓鱼时无意中想到了解决企业问题的方法；画家无意中画出了一幅令人满意的作品；诗人仿佛并没有刻意构思，就想出了一篇佳作……这些如有神助的行为，是怎么发生的呢？

这些看似超常的心灵感应其实并不来自于控制，而是来源于心灵中自然存在的创造力。我们每个人都是创造者，不管是学生、主妇，还是企业家、科学家，我们都具有同样的“成功机制”，“自然”行为与技能，如体操队员不会痛苦地去完成每一个动作；娴熟的钢琴家无须有意识地考虑该用哪一个手指触动哪一个琴键。创造性行为是自发的、“自然”的，它只是在放松的情况下让事情自己完成。所以，我们要做的就是不要阻碍自身的创造性机制。

有意识的努力会抑制或“阻碍”自动的创造性机制。过于控制，反而会收到相反的效果。有些人在社交场合自我意识过强而感到局促不安，就是因为他们过于有意识地、过于焦急地想做出正确的事。如果这些“被抑制的人”能够“放得开”、不做作、不操心，对自己的举止行为不多加研究，他们就能有创造性地、自发地行动，进而“成为他们自己”。

想要开启心灵中的创造性机制，就需要完全抛开一切责任感和对后果的关注。总之，要放开你的智力和实际机器，让它自由地运转。就好比我们往往在一件事情开始之后，担心发愁、左思右想。其实，开始后再考虑很多问题一点用处也没有，只是白白浪费精力。如果要担心也应该在开始之前。在事业上和生活上，我们不应该草率地作出决定，在做事情之前没有相应的准备、不考虑与之有关的各种危险，以及各种变化的可能性。这种情况下产生的紧张感，让我们的创造性机制无从发挥。在开始之后，我们要做的就是用轻松的心态看着它发生。

我们一定要在一个决定做出之前尽量考虑，尽量调动自己的前脑思维，作出决定并付诸实施之后，就要完全抛弃与得失有关的一切考虑。这样才能保持快乐，并发挥出创造性。

创造性的机制与习惯有着莫大的关系。

习惯是自动进行的，它不需要“思考”，是由我们的创造性机制来执行的。我们的表现、感觉和反应足有95%是习惯性的、不假思索的。同样，我们的态度、情感和信念也容易变成习惯性的。过去的经历让我们“学到”：特定的态度、感觉和思维方式是与特定的环境相对应的。反过来说，只要我们面临与过去相同的环境，往往就会按照同样的方式来思考、感觉和行动。

改变习惯性行为模式或者形成新的行为模式，就能改变习惯，进而凸显出我们的创造性机制。

我们的自我意象和习惯是结合在一起的。其中一方改变了，另一方也会自动地改变。我们的习惯完全就是个性的外衣，它们不是偶然的或偶发的。只要费费心思作个决定，再练习或“形成”新的反应或行为，习惯就能修正、改变，甚至完全扭转。钢琴家要加以选择的话，可以有意识地决定弹另一个琴键。完全学会新的行为模式需要的是不停地注意和不停地练习。

行为、感觉和思维方式的任何一种都会对你的自我意象产生建设性的有利影响。让自己学会放松，坚持练习21天，“体验”这些步骤，让行为形成一种习惯思维，看看是否会恢复轻松，更多地和心灵的感应沟通。

第八章 催眠中的注意事项

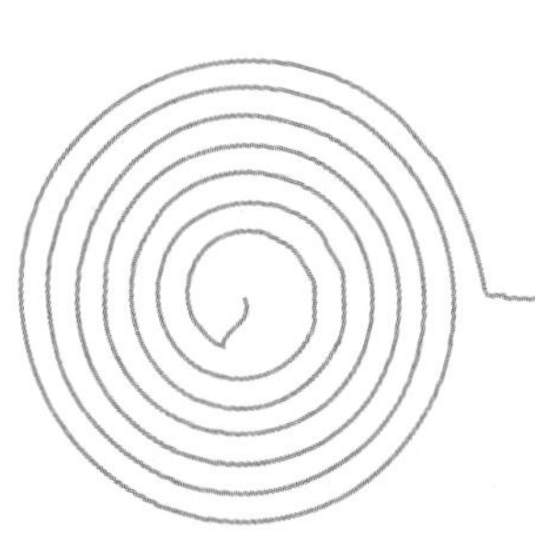
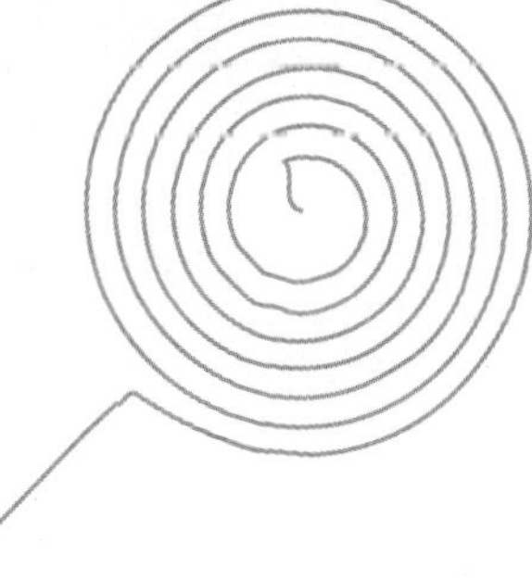

催眠作为一种疗愈的手法，也有一些需要注意的地方。哪些人群不适合接受催眠？移情现象对催眠有哪些助益，又能带来何种弊病？因为职业的特殊性，催眠行业需要高度的责任心及道德水准。怎样通过相关证书鉴别催眠师的职业能力？

并不是所有的人都能被催眠

杨安催眠：有些人不容易被催眠。能够认识到他们不容易被催眠的原因，就可以有针对性地进行沟通。

1. 男人不容易被催眠

催眠主要是依靠暗示发挥作用，只有通过暗示，被催眠者才能进入催眠状态；也只有通过不断地暗示，催眠师才能在催眠过程中引导被催眠者进入到更深一层的潜意识，被催眠者和潜意识深度沟通，才能让催眠的过程发挥作用。但是，和女人相比，男人自主性更强，比较不容易接受他人的暗示，也就不容易被催眠。

2. 过度恐惧和紧张的人不易被催眠

在催眠的准备工作中，放松是第一位的，如果全身紧张，或者精神紧张，是不容易进入放松状态的。紧张不易放松的人感受性低，因此不容易被催眠。有的人因为看了太多小说、电影的荒谬言论，恐惧心太重，也不容易被催眠。

3. 不愿意尝试体验了解的人不易被催眠

有的人并不想真正体验催眠，而只是好奇催眠的过程，只是想观察、试验。抱有这种心理的人并没有完全信任催眠的效果，而信任是催眠成功的前提。因此，好奇心强的人感受性低，不容易被催眠。

4. 对深层沟通有成见的人不易被催眠

有些人对深层沟通有成见，觉得深层沟通是装神弄鬼，根本没有什么所谓的“深层次的自我”。受教育程度低或者缺乏常识者，由于听不懂指令，就觉得根本没有什么催眠，因此也不容易被催眠。

5. 不愿意打开自己的心的人不易被催眠

催眠师并不能够控制被催眠者说出心里的话，只能起到引导作用。如果一个人对催眠有抵触情绪，从主观上不愿意打开自己的心扉，将自己封闭得太死，催眠师也不能将他带入良好的催眠状态。

6. 不愿意面对自己的人不易被催眠

潜意识藏在意识之下，是平时不被我们注意到的部分。在潜意识中，也许有我们不愿意面对的情绪或者过往经历。从外在体现上来说，意志力弱的人感受性低，不容易被催眠。体质虚弱或神经衰弱者的感受性低，不容易进入催眠状态。不够专心的人容易分心、胡思乱想不容易被催眠。

7. 太执着、以自我为中心的人不容易被催眠

催眠也是一个自我重塑的过程。太以自我为中心的人总是认为自己目前的看法是正确的，不容易接受别人的建议和劝告，不愿意改变自己、重塑自己。在催眠时，其实这种人对外界的一切影响都是有抵触情绪的，自然也就不容易接受催眠。

催眠的先决条件：相信自己能够被催眠

杨安催眠：催眠成功的前提之一是被催眠者的个人意愿，他

需要完全相信催眠的力量，相信催眠师能帮助他解决问题。

有些人会遇到这样的问题：他本人曾经试过催眠，但却无法被催眠。无法被催眠的原因有很多，其中一个很重要的原因是，从根本上不相信自己能够被催眠。

催眠成功的前提是被催眠者的个人意愿。因为催眠的过程往往是一连串潜意识回溯的探索过程，就好像翻开一本名字叫做“我”的书，如果被催眠者本身缺乏意愿，只是由亲人带来，或者只是抱着试试看的心理，也达不到应有的效果。好比带人去看医生，即使这人去看了，但如果回来他不吃医生开的药，药摆在那里也没用，所以不论是做身体或心理治疗，个人的意愿绝对是治疗成功与否的前提。

通常，人们对不容易接受催眠的人有三种错误认识。

第一种错误的认识是：那些不能够被催眠的人是强而有力的。他们也有可能是故步自封、顽固不化、刚愎自用、自我意识过于强烈的人。

第二种错误的认识是：一个非常聪明的人无法被催眠。一个人头脑越空，就越不可能将他催眠，就好比你无法催眠一个智商为零的人，你也无法催眠一个疯子。事实证明，一个人越聪明，就越容易被催眠。为什么呢？因为催眠需要合作——它的基本要素就是合作——你的合作。智商为零的人和疯子，无法了解你说的是什么，也无法了解你要的是什么合作。只有聪明的人才能够合作，唯有当你合作的时候，催眠才可能成功。所以如果你是偏执的、精神分裂的、神经病症的，那么你就无法合作。如果你非常害怕，患有恐惧情结，那么你就无法合作。

第三种错误的认识是：催眠师在使用某种力量将人催眠。其实并非如此，催眠师没有什么力量可以使用，他只是在借助你的力量，发挥出你潜意识中的潜能。所以你必须合作，如果你不合作，没有人能够催眠你。

一个能够信任催眠师的人在很大程度上可以被催眠。合作需要信任，因为你将会成为无意识的，而你不知道这个催眠师将会对你做什么。我做过很多实验，西方的女人比东方的女人更容易被催眠，因为东方的女人总是存在害怕性，当她变成无意识时，谁知道这个催眠师会对她做什么。相比而言，西方的女人比较没有顾虑，比较不会害怕，因此她们比较容易被催眠。

请记住，除非你合作，没有人能够违反你自己的意志来催眠你，除非你愿意。除非你准备好要进入那个未知的、没有走过的黑暗，否则没有催眠师能够催眠你。但是事实上催眠师并不否认他们有力量，相反地，他们宣称他们有催眠别人的力量。没有人有任何力量来催眠任何人，只有你有那个力量来催眠你自己，或是让别人来催眠你，那个力量是你的，但是当你被别人所催眠时，它可能会被误用。就算你主观上合作，有着强烈的愿意，进入了深度催眠，你也并非完全在催眠师的控制之下。即使在催眠状态下，一部分的你仍然保持警觉，如果催眠师要强迫你做某种反对你自己的事，你将会突然走出催眠。下面是一个催眠师的经历。

我哥哥非常信任我。我觉得他现在的工作不适合他，薪水低，不可能有任何创造性的成长，那个工作就各方面而言都没有什么用。所以我告诉他：离开那个工作。但他是那种不论情形如何都不想改变的人，所以我试图催眠他。

虽然他平时很信任我，但是那天他对我显得格外不信任，因为他知道如果他被催眠，我一定会叫他离开那个工作。在接下来的催眠过程中，似乎每一件事都进行得很好，他按照我的话去做，但是有一部分的他仍然保持觉知、保持警觉，他害怕万一我会建议那件事。

为了检验他是否真的到了深度催眠的境界，我甚至用针轻轻刺他，他都没有感觉。也就是说，他不可能没有被催眠。然后我说：离开那个工作！他就立刻从催眠中醒过来，他说：不要说那个。

即使在催眠当中，如果你不愿意的话，也没有什么东西能够强加在你身上。所以，如果有什么东西能够强加在你身上，那表示在无意识里面，你是愿意的。

由此可见，要变得更具有想象力、更合作、更信任，催眠才能够对你有所帮助。

催眠实际上意味着刻意去创造睡眠。目前大家已经知道有 33% 的人，换句话说，有 1/3 的人类能够进入很深的催眠。这是一个奇怪的数字，33%，它之所以奇怪是因为只有 33% 的人具有美感，只有 33% 的人具有敏感度，只有 33% 的人具有友善的品质，只有 33% 的人是创造者。根据我自己的经验，这 33% 的人是一样的，因为创造力和敏感度就是静心，就是爱，就是友善，所有这些品质基本上所需要的一件事就是：对自己存在很深的信任，以及一种接受性和敞开的心灵。

如果你自己心中有强烈的意愿，想让自己的生活或生命开始有正面的改变；你对自己的意识和语言表述有清晰的认识，那么你就能从催眠中获得不可思议的感受。

催眠行业规范性问题

杨安催眠：作为一个合格的催眠师，需要有高超的技术。无论在国际还是国内，都有相应的组织和职称对催眠师进行规范化的管理。

催眠毕竟是一种需要高超技巧的尖端技艺，所以要求催眠师必须具备相应的资质。如果没有过硬的技术，不但不能为来访者治疗，还可能将他们带入歧途。还有，催眠师和心理治疗师一样，在工作过程中都会涉及来访者的隐私。这不但要求催眠师不能对来访者的不幸感到好笑；也不能因为来访者本身犯了错误，而在心底觉得来访者接受这些折磨是理所当然的，这些都需要极高的职业道德。因此，无论在国际上还是在国内，都有相应的组织和职称对催眠师进行规范化的管理。所以，在甄别催眠师的时候，一定要睁大眼睛，让有职业资格的催眠师为你实施催眠。

需要注意：合格的催眠师要有证书资格保障。

“世界催眠大师”是世界催眠行业的最高荣誉称号，是催眠顶级爱好者、培训专业人士的一种能力、身份认证。世界催眠大师有严格的考评标准，国际评审认证联合会（简称 IEAU）是国际上、也是中国境内唯一可以对“世界催眠大师”进行考核认证的国际权威机构。只有通过国际评审认证联合会的严格考核，才能获得相应的资格证书。

世界催眠大师课程内容包括催眠基础理论、实施催眠技术的准备、催眠敏感度测试、催眠诱导、深化技术；催眠层级理论及测试方法、催眠对象的催眠状态判断；催眠暗示、催眠唤醒技术；催眠应用以及高级催眠诱导技巧、催眠治疗技术以及经典案例分析等内容。

世界催眠大师基本考核，除自身必须掌握催眠基本知识理论，能将催眠知识与技术传授给学员外，还必须熟练催眠被催眠者，为患者实行治疗。

1. 认证标准

世界催眠大师认证标准包括：

较为了解催眠发展历史，熟悉催眠基本知识理论；

有娴熟的催眠知识、技术培训经验；

能成功催眠被催眠者，举办集体催眠活动（现场催眠或提交录像）；

在区域内享有较高知名度、影响力。

2. 考官资格

执行世界催眠大师监考任务的考官必备的资格条件包括：

国内外年满18周岁成年人；

具有高级职业资格；

持有国际评审认证联合会或国际评审认证联合会潜能开发委员会考官证；

本人通过国际催眠师相关资格考核；

执行对不同国家学员的考试，必须熟悉学员所在国的语言。

“世界催眠大师”考试执行严格的考试制度，考试过程如发现舞弊，则取消考生成绩，撤销监考人员及合作监考机构的监考资格。

3. 证书资格保障

通过国际评审认证联合会考核的世界催眠大师，可获得国际评审认证联合会核发的全球通行中文、英文资格证书，证书可以在国际评审认证联合会官方网站进行查询。同时，世界催眠大师资格证书，获全球证书注册鉴定中心验证备案。表明持证人具备了相应的催眠、治疗能力和全球权威声誉。具备“世界催眠大师”，可以同时申请国际评审认证联合会核发的“国际注册催眠大师”“国际注册催眠培训师”职业资格。

“世界催眠大师”资格在全球证书注册鉴定中心认证备案。在中国，符合条件者，还可以申请获得在国家人才诚信档案管理办公室备案。资格证书可以作为用人单位在人员招聘录用、考核、晋升、晋级时的重要依据，同时可作为其他职称评审申报、职业资格考试、注册资格登记等参考依据。

禁用催眠疗法的人群

杨安催眠：尽管催眠有很多益处，却不是人人都适合的。

催眠治疗虽然是众多心理治疗的方法之一，被普遍使用并且疗效显著。但是，催眠就像其他的医疗手段一样，也有其适应证和禁忌证。作为催眠师，在实施催眠的过程中，不仅要考虑催眠效果和防止催眠副作用，还应知道什么情况不能做催眠，即催眠禁忌。如果忽视了这些禁忌，有可能发生意外。这时候，催眠不但不能给来访者带来好处，可能还会加重来访者的症状。

实施催眠时应注意选择适应证，同时注意禁忌证，避免可能出现的不良情况。一般来讲，禁忌证范围包括以下几个方面：

有精神病家族史，或者本人曾经有精神分裂症和其他重性精神病史的人。若有精神病史的人被催眠，很有可能诱发其精神病。

正在发作期的精神病患者。这类病人在催眠状态下，可能促使其病情恶化或诱发幻觉妄想。

癫痫病患者。这类病人被催眠可使病情加重。

脑器质性精神疾病伴有意识障碍的病人。催眠可使其症状加重。

有严重心血管疾病的人。患有冠心病、脑动脉硬化、心力衰竭、肺气肿等疾病的人被催眠后，容易发生意外。

对催眠有严重的恐惧心理，经解释后仍然持怀疑态度的人。

年老体衰者。这类人，一是不容易被催眠；二是可能发生意外。

催眠过程中的移情现象

杨安催眠：催眠中的移情现象是一把双刃剑，处理不好会给催眠带来障碍；处理得当却能促进催眠。

人毕竟是有感情的动物，不管催眠师多么有智慧、多么有技巧，在催眠过程中，都有可能遇到感情的纠结。而被催眠者在面对催眠师的时候，也容易将自身的某些情感投射到催眠师身上。下面就来认识一下“移情”现象，了解一下相应的处理方法。

来访者的移情，是指在以催眠疗法和自由联想法为主体的精神分析过程中，来访者对分析者产生的一种强烈的情感；是来访者将自己过去对生活中某些重要人物的情感投入太多，投射到催眠师身上的过程。

催眠师对来访者也可能产生同样的移情，这被称为对抗移情或逆移情。对抗移情的表现形式同移情的表现形式一样，表现为正面的（如咨询者对来访者过分热情、爱怜和关怀）和负面的（如咨询者对来访者的敌视、厌烦和憎恨）两种。从本质上讲，这表明了咨询者对来访者所产生的一种自我防御，这会给顺利开展催眠活动带来阻碍。

如果将移情放在生活中就很容易理解了。不只在催眠过程中会产生移情，平时生活中也会产生移情现象。例如，一个人会格外喜欢和自己性格相同的人，也会格外讨厌某种性格的人。因为在他小时候家长希望他成为那种性格的人，而他自己又不想成为。

这一转移分为正转移和负转移。正转移（也叫阳性转移）的表现是，表白爱情，或希望从治疗者身上获得爱恋情感的欲望。负转移（也叫阴性转移）的表现是，对治疗者产生厌恶感、憎恨、敌意及想加以控诉的欲望等。

什么样的人会成为移情目标呢？人们会对那些在孩提时代最先在心理给予他们爱的人的感情进行移情，正向转移和负向转移，移情作用是必然发生的，正向转移的目标会选择那些能带给他们和最开始爱的人一样的行为或感受的人身上。所谓“物以类聚，人以群分”就是这个道理。正向转移是先发生的，负向转移是后来才发生的，当被给予正向感情的人，被动受到伤害或主动伤害移情者时，负向移情才会开始，而且还会泛化并且选择更多类似目标，也就是所谓的爱得多，恨得更多。这里还存在一种情况，就是内向转移，负向转移也受挫时，感情会移向自己。

之所以会发生移情这样的情况，是因为幼儿期在与双亲或其他人际关系中的关键人物之间，存在着未能处理妥当的问题。

来访者过去未曾解决的问题，会使他们对催眠师的知觉和反应方式产生变形。这些未解决的问题根源在于来访者过去的人际关系，而现在又直接指向了咨询者。当来访者的情感达到一定的强度时，他们会失去理性的客观判断力，移情至催眠师，就好像催眠师是他们生活中的重要人物一样。

无论催眠师的性别怎样，移情都有可能发生。因为催眠师的出现，使得来访者童年时或者过去未被满足的要求重新浮现。不管是正转移或负转移，常常是来访者所熟悉的旧有的交往模式重新浮现的一种形式。

移情通常发生在当催眠师无意中做了或说了些什么，从而触动了来访者心中未得到解决的问题之时，这些问题多出在来访者与其家庭成员，如父母、兄弟或其他重要人物之间。移情问题常发生于咨询的开始阶段，并且随着咨询的进行变得越来越强烈。同样的，移情在催眠师的身上也可能发生。

“移情”在现实层面是有其价值的，它可以帮助发现来访者早些时候受到某种特殊的对待时，他们是如何感受的。

有些催眠师认为，只有帮助来访者解决由于移情而产生的对咨询者的曲解，双方的关系才会获得极大的改善，这种改善会使来访者和咨询者建立更紧密的信任关系。更进一步说，通过解决移情问题，来访者会对自己的过去有更加深刻的认识和领悟。

对于移情这一心理反应，尽管有正面的积极评价，但就其客观效果来讲，无论是哪一种移情，由于它很容易促使其对人或物形成固定的心理定式，从而造成判断失误并可能产生成见或偏袒。同时，由于这一感情的产生强化了来访者对心理咨询的自我防御机制，也就阻碍了来访者与咨询者真诚的、自然的沟通，从而扰乱了心理咨询过程中本该建立起来的理性的人际关系。

催眠师遇到这些情况时，该如何处理呢？

催眠师要特别重视自身压抑情感的处理和训练。首先，要处理好自己的感情，既要注意来访者在自己面前所表露出来的各种态度和行为，也要特别注意不要将自己的生活经历和情感经验带进心理咨询中，更不能以此试图影响来访者的思想和行为。

其次，催眠师要充分重视移情背后所体现出来的内涵，发挥出移情的价值。移情再现了来访者以前尤其是儿童时期生活的某种情感，这种情感长期被压抑而无处释放，甚至成为了心理问题的一个“情结”。来访者把催眠师当作以往生活环境中和他有重要关系的人，把曾经给予这些人的感情（不管是积极的还是消极的）置换给了催眠师，借催眠师宣泄了积压的心理能量，从而有助于心理平衡。

出现移情是心理咨询过程中的正常现象，透过移情，我们可以更好地认识对方，并运用移情来宣泄对方的情绪，引导对方领悟。比如，可以分析来访者为什么会对自己有好感或者恶感，从而开启来访者的潜意识，有助于催眠的进行。例如，催眠师可以问：“你好像不太喜欢我刚才的……”“你能否告诉我，为什么你喜欢我？”来访者也许会说，之所以不喜欢是因为催眠师说话的语气像他那整天爱唠叨的母亲，催眠师问话的方式像那位刚刚与自己离婚的丈夫，咄咄逼人，让人喘不过气来，或者催眠师像自己日夜思念的但已离世的爱人、恋人、亲人，像自己敬爱的领导和老师，像自己暗恋的对象……来访者有时自己也不知道为什么，但经深入询问，一般多能明白其中的原因。

如果来访者对异性催眠师产生正移情，催眠师不必害怕，但是也不能无动于衷、任其发展。应当婉转地向对方说明这是心理咨询过程中可能出现的现象，但这不是现实中正常的、健康的爱。催眠师要有策略地（不要伤害来访者的自尊心）、果断地（让来访者知道催眠师明确、坚决的态度)、及早地（要早期发现，早期采取明确态度）进行处理，将其引向正常的咨询关系上来。如果任其发展，不但会干扰正常治疗的进行，还会带来麻烦。如果面对来访者的移情，催眠师别有用心地利用这种不健康心态下的感情，以图达到某种目的，是一种严重地违反职业道德的行为。

如果催眠师觉得自己难以处理移情现象，可以将来访者介绍给别的催眠师。

一般来说，移情是治疗过程中的过渡症状，催眠师应鼓励来访者继续宣泄自己压抑的情绪，充分表达自己的思想感情和内心活动。来访者在充分宣泄情绪后，会感到放松，再经催眠师的分析，得以领悟后，心理症状会逐渐化解。

情绪对催眠效果的影响

杨安催眠：透过情绪冲突，我们能看到自己潜意识中的需求。情绪是进入催眠的一把钥匙。

有这样一类人，在接受催眠咨询时提到，一走进人群或与陌生人接触时，就会有紧张感。在催眠过程中，催眠师发现在此类人的过往经验里，有的甚至是起因于小学阶段，有着人际关系上的失败或受伤经历。也就是说，人际关系上的伤痛，一旦沉淀到潜意识这个生命地质中，便无形地产生了对人的不信任感，日积月累，自己也不知道为什么自己会变成一个如此害羞、内向的人。而这正是潜意识的作用。这些情绪如果不能得到处理，将对催眠产生不良的影响。

还有一类人，弄不清自己为什么会无缘无故地发脾气，情绪相当恶劣。而且催眠时也无法进入自己的潜意识，仿佛有什么阻挡在中间。

潜意识就是自己内在真实的声音，对待自我内在的方法，应该真诚地去倾听它、面对它、了解它，为什么这类人却觉得无法面对潜意识呢？因为这类人的潜意识中“真实的我”和现实中“应该存在的我”之间存在着矛盾。

人们在成长过程中，不断地被迫接受众多规范、价值观、界定（例如，不论父母如何对待你，都不能忤逆不孝，否则就禽兽不如……）。因为社会化进程是人类社会得以存在的根本机制，所以，当这些由外进入的规范、价值观与我们内在真实的声音有所冲突时（例如，一方面意识告诉我们必须孝顺父母；另一方面，真实的我却想要大声谴责父母），我们就会在意识层面上用各种方式说服自己甚至欺骗自己，去接受一个内在无法认同的状态（例如，我们会告诉自己，必须克制自己想要谴责父母的冲动，其实父母是爱我的。如果我那么做了，我就是一个不孝的孩子）。

这样看来，一方获胜，一方安宁，不是皆大欢喜吗？麻烦的是，我们内在的声音仍会以各种乔装的面貌，试图冲破意识所设下的防线。这个企图发声表白的潜意识，就像一个为了引发老师注意、得到老师关怀，便故意捣蛋闹事的学生。偏偏老师没有看破，反而罚他面壁、记他大过，结果情况越发糟糕。而多数人在面对潜意识发出的变装信号——愤怒、恐惧、逃避、退缩等时，往往也犯了跟那个不英明的老师同样的错误。不但没有倾听不良情绪背后我们内心的声音，反而将它压制了。

难怪总是以“无名火”的形式发泄出来，让他人和自己都搞不清楚，自己这是怎么了。稍微留意一下，就会发现我们身边不缺乏这样的例子：一个平常心胸宽大的人却为一件芝麻小事对某人大发脾气（他其实是在转嫁发泄之前一个被压抑的愤怒）；有人在事业、人际上，总在同一个地方退缩或紧张（恐惧重蹈先前的挫败或障碍）；有人生病，医生说你的身体没问题，是情绪压力过大（是这个人的身体在替心理表达，向主人发出信号求救）。

当我们发现自己在某些情况、环境下，或面对某些特定的人、事、物时，便会有一些莫名的情绪、行为表现乃至身体状况时，那多半是潜意识以身体的不适或各种负面的情绪，在对我们发出求救信号，希望让主人“顺藤摸瓜”发现真正的伤口根源，进而给予治疗或开解。毕竟每一个生命都有着疏通自己心灵之渠的本能。健康快乐地生活，是每个人最基本也最珍贵的愿望。

而催眠是引领来访者进入自我的潜意识资料库中，去找寻那些被刺伤的地方，找到情绪背后的真正根源，进而治疗。

也就是说，情绪是心灵的一把钥匙，只要拿着这把钥匙就能打开心灵城堡的大门；而催眠，是进入城堡最好的方式。

通常人的心理都有自我防卫机制，会不自觉地避开心理的创伤或阴暗面，但是往往那些创伤或阴暗面正是问题的关键或根源，在催眠状态中，人们会自愿放下面具与伪装，诚实地面对自我内在，也因此能惊奇地发现真正的自己，包括潜能。

在探索问题根源的过程中，被催眠者一旦再次经历或面对过往的关键创痛，终于能把当时压抑的情绪释放出来，眼泪在此时是心灵治愈过程中最佳伤口洗涤药。为什么想要治疗就必须找到问题根源？关键就在于，当人的心灵水杯处于一种透明清澈的状态时，他便有能力用一种诚实透明的态度、全新的视野观点，再次看待当年的创痛始末，重新诠释此项创痛在生命过程中的意义。

曾有一位来访者，他对催眠师说，平常在公司，他很讨厌听到员工聊别的公司福利如何如何好，后来甚至只要这几个员工聚在一起说话，他就感到莫名的不悦，好像他们又在抱怨公司，而这严重地影响了他的工作情绪。

然而在接下来的催眠探索中，他终于在催眠师的成功暗示下说出了他最深的隐忧：其实真正的原因是，他是对自己公司经营已有危机感，却一直没勇气正视，这份危机感犹如一根刺一直扎在心里，一旦被触碰，伤口就疼痛作祟，发现症结后，我引领他在催眠状态中，面对并思考公司经营的问题。事后，他告诉我，现在他对员工不再有莫名的疑心，也不会再担心员工聚在一起说话了。

这位公司的领导者，其实一直在逃避公司经营不善的事实。就好比成语“掩耳盗铃”中提到的情况一样，让自己看不见、听不见，仿佛那些纠结就不存在了。的确，在自我防卫、疼痛缓冲的机制下，人们误以为不去面对、触碰，伤口自然会好，或是说“时间会治疗一切”。然而生命的真相是，时间不是治愈师；时间只是筛漏，巧巧地将情绪、伤痛的本质、精华筛漏且收纳进个体的潜意识中，然后人们就以为一切又风平浪静了。殊不知那些事件引发的冲突、不安、忧伤、创痛，将以另种难以辨识、捉摸的面貌，出其不意地作怪。

其实，面对潜意识中深藏的不安、焦虑、恐惧、伤痛等情绪，治本的方法就是，愿意面对它最初的面貌、倾听它最真实的声音。只有这样，我们的自体疗愈功能才能发挥作用。而催眠，正是一座桥梁，引领我们接通意识与潜意识，去探索那些之前被我们因为害怕、恐惧而抗拒的真相。

其实，情绪是大部分心理疾病产生的根源。因为情绪能改变人的认知，错误的认知会破坏身心的平衡，形成心理疾病。尽管我们知道一些心理疾病的确可以通过药物治疗予以缓解，但治标不治本，药物治疗无法从根本上解决我们的心理问题。

在众多心理治疗措施中，催眠治疗是一种轻松而有效的方法。通过催眠，我们会很自然地获取身心的宁静与平和，内心充满包容、理解和力量，如此一来，我们还有什么情绪不能调整，什么压力不能缓释呢？

事实上，很多时候，我们不是自动放弃了面对自我，就是自愿屈从了外力的作用和影响（例如，上面提到的那位公司负责人，如果没有跟自己的潜意识沟通，找到症结，还会继续认为员工都在抱怨公司的待遇差。然后苛待员工，自己跟自己过不去，对公司的发展更无益处）。长此以往，心灵的负荷日益沉重，生命的脚步如何轻松？而在催眠状态下，人们很容易摆脱意识的制约和牵绊，真正地了解自己的需要和要求，合理地处理当下的困境，自然轻松地从原来的不良情绪中抽离。即使是一些负面的经历，哪怕是曾经的创伤，在催眠治疗的过程中也会从负性的经历中获取正面的力量，通过身心重塑，增强自己把握情绪的能力，真正地享受生命的美丽。

由此看来，催眠之所以有令人惊奇的效果，根本原因是，催眠能引发自我的内在发现与突破，所引发的改变是从内而外（从被催眠者自我内在出发）的。有效的催眠，正是经由有经验及对生命有敏锐洞察力的催眠师的引导与协助，被催眠者进入潜意识中，展开一趟自我内在生命的回溯、探索之旅。

催眠环境对效果的影响

杨安催眠：接受专业催眠师的心理治疗也好，自我催眠也好，都需要选择一个适合催眠的环境。

由于在催眠时，人会进入到一种非常规的状态，因此需要一个特别的环境来保证自身的安全。同时，要保证催眠过程不受干扰，也不能干扰到他人。并不是所有的时间和地点都适合进入催眠状态。例如，如果我们驾驶汽车的时候，进入了一个似睡非睡的催眠状态，就容易引发交通事故；

如果我们在某些公共场合进入一个恍惚的催眠状态，也会让其他人觉得匪夷所思，甚至会影响到人际关系；如果我们是在像火车站那样嘈杂的环境中，无论怎样努力也很难进入催眠。

因此，无论是接受专业催眠师的心理治疗也好，自我催眠也好，都需要选择一个适合催眠的环境。除了穿着宽松舒适的衣服，解掉金属饰品、腰带等，还要注意以下几点：

1. 场所选择

选择催眠场所时要尽量避开商业闹市地区、火车站、汽车站等喧哗的地点。这样既能满足催眠操作所需要的相对安静，又有利于保证心理治疗要求的私密性。

2. 环境布置

催眠环境的布置要相对简约，要选择相对简单的家具，过于复杂的装饰和过多的家具都会分散人的注意力，不利于静下心来和自己的潜意识对话。另外，进行催眠的房间要温暖整洁、安全舒适。

3. 色调选择

房间的主色调要以相对淡雅和柔和的感觉为好，尽量不要选择大红、大紫等较为刺激的颜色。

4. 光线选择

催眠室的光线要温暖、柔和，切忌灯光过于明亮刺眼。如果是夏天室外光线太强，可以用窗帘等进行遮光处理。如果有条件的话，催眠室中最好配有可以调节明暗度的灯具。

5. 座椅选择

催眠时的座椅也很讲究，能配用专业的催眠椅子最好；如果没有，要尽量选择柔软、舒适、符合人体工学要求的沙发或者躺椅，椅子的角度最好可以调节。

6. 催眠环境

催眠环境要保持空气清新，温度要以人体感觉舒适为宜，不能太冷或太热。所以，催眠室最好配置空调，但是要注意出风口不要直接对着被催眠者。如果有必要的话，还要准备毛毯等防寒用品。

7. 配备辅助品

要配备音响等必要的辅助物品。因为催眠中时常要使用到一些小道具，比如用来播放冥想音乐和引导词的播放器；用来暗示被催眠者放松，进入催眠状态的金光小球；用来自我唤醒的小闹钟等，所以，要事先准备好这些催眠过程中用到的小道具。同时为了避免催眠时受到噪声的骚扰，最好有隔音设施。

8. 配备摄影或录音设备

如果是由专业的催眠师来引导催眠过程，还需要在催眠室中配备摄影或者录音设备。由于催眠治疗的特殊性，在征得来访者同意的前提下，对治疗过程进行必要的记录是保护催眠师和来访者的有力手段。

催眠师的品质问题

杨安催眠：催眠是一个很特殊的行业，来访者对催眠师要有很大的信任度，催眠才能顺利进行。面对这种信任，催眠师要有高尚的道德品质。

催眠是一个很特殊的行业，催眠师要具备高尚的道德品质。因为，催眠成功的前提是被催眠者对催眠者的信任。一旦催眠师辜负了这种信任，对被催眠者的打击将是相当大的。不过，由于催眠职业的特殊性，催眠师的确很容易就获得他人的信任和崇拜。

大多数去接受催眠的人都对催眠师有崇拜的心理。有的人看到过成功的催眠表演，觉得催眠师竟然能让人作出各种不可思议的行为，真是了不起，他们一定有超凡的能力。其实，催眠师和普通人相比根本就没有什么区别。他们只不过是掌握了催眠术这门技术而已。之所以能产生种种神奇的现象，治疗好各种疾病，只在于他们有效地、娴熟地运用了心理暗示的手段。要知道，发生在被催眠者身上任何神奇的事情，都是他本人在催眠师的引导下发挥出了自身蕴藏的能力而已。

被催眠者的这种信任，具有正、反两方面的影响。从正面来说，这种信任加强了催眠师的权威性，使得催眠能够有效进行。正如硬币有正、反两面一样，这种对催眠师的崇拜心理，也会给催眠治疗带来不好的副作用。这种副作用可能会导致被催眠者过分依赖催眠师。和催眠师待在一起时，也就是说在催眠过程中，他们会有良好的反应；一旦回到现实中，便又回到了无所适从的境地，觉得没有催眠师的直接指导，无法面对当前的情境。

还有另一种情况也能让被催眠者陷入无法自拔的境地，就是前文提到的移情现象。当发生正转移的时候，被催眠者会不自觉地将催眠师当成父亲、母亲或情人，会感到不可一日无催眠师，这给催眠师和被催眠者都带来了极大的烦恼。

出于以上因素，要想成为一名合格的催眠师，不仅要有高超的技术，还要具备应付被催眠者不恰当情感的能力。这不是一件轻松的事情，需要催眠师有高尚的品质。

在催眠状态中，尤其是在较深的催眠状态中，被催眠者的潜意识全面开放，几乎完全袒露自己的心神，潜藏在心理世界最深层的各种“隐私”会和盘托出、暴露无遗。应当说，对于某些心因性疾病的治疗来说，进入这样的状态和诱导出这种种隐私是必要的。但是这也增加了催眠师利用职务之便作出不法行为的可能性。

在我们身边不乏这样的新闻：不道德的催眠师利用被催眠者在催眠状态中对一切浑然不觉的情况对其进行性侵犯，这种做法的后果可谓非常严重。首先，给被催眠者带来无尽的伤痛，不但没有解决他的问题，还可能让其心理疾患加重。其次，会引起普通大众对催眠这种技术的恐慌，还会影响人们对催眠师这一群体的判断。

还有一种情况是，催眠师利用这种信任来达到自己的某种企图，或者将被催眠者的隐私作为茶余饭后的谈资四处传播。这种情况当然也会造成恶劣的影响。当被催眠者知晓这一情况后，有可能背上沉重的十字架，而无法解脱，原先的心理疾病不仅不会减轻，反而会加重。此外，催眠师这种不道德的做法还会对催眠术这一学科的发展、普及与应用产生恶劣的负面影响。另外，如果催眠师不能带着大爱去看待被催眠者，势必也不会费心地去提高自身的催眠技术，也就无法成为一个优秀的甚至顶级的催眠师。

所以，在催眠过程中，不应要求被催眠者做一些与治疗疾病无关的动作，说一些与治疗疾病无关的话。对被催眠者吐露出的隐私，不能向任何人透露。并且，在施行催眠之前就应以庄重的态度向被催眠者作出保证。这些都是催眠师最基本的职业修养。

总而言之，催眠治疗是一项涉及被催眠者身心健康和人身安全的大事情。催眠有时甚至还有一定的危险性。当被催眠者进入催眠状态后，虽然还有一部分意识，但是，被催眠者已经在很大程度上失去了思维和行动上的自主性。

在被催眠者处于完全被动地位的情况下，对催眠师的人格和品质的要求是非常高的。催眠师不仅要认真、负责地为被催眠者解除心理障碍；而且要绝对尊重被催眠者的人格尊严，保障其人身权利不受到任何侵害。对被催眠者要有高度的责任感和爱心，否则，就违背了催眠工作者的职业道德和起码良知，甚至可能触犯法律。